鉤針＋4球線 ×33 款造型設計提袋＝美好的手作算式

午茶手作 半天完成 我的第一個鉤織包

鉤針＋4球線 × 33款
造型設計提袋
＝美好的手作算式

只要擁有這些小提包，

臨時要出門就會很方便！

本書收錄了各式各樣的手提包，

從簡單基本到風格獨特的款式一應俱全。

而且最多只要4球線就能鉤織完成，

可以輕鬆享受編織的樂趣，

也很推薦初學者作為入門書。

如果看到喜歡的設計，

請務必以自己喜歡的線材來鉤織看看！

Contents

✻ 本書刊載的作品尺寸單位皆為 cm。

輕巧手提扁包

由於輪廓都是直線，因此是輕鬆就能順利完成的扁包。
大小則是十分適合短暫出外一會的輕巧尺寸。

1

亞麻櫻桃包

以亞麻線編織出緊實牢固的袋身，
因此就算沒有內袋，外型也不會走樣，
這樣是不是很讓人開心呢！
稍稍點綴其上的櫻桃別針也很可愛吧！

How to make ✼ P.34
Design ✼ 金子祥子
線 ✼ Hamanaka　亞麻線〈linen〉

24

23

 球

2

鳳梨織紋包

整齊排列的鳳梨花紋織片十分漂亮。
線材則挑選了稍微成熟雅致的顏色。

How to make ⁕ P.33
Design ⁕ 橋本真由子
線 ⁕ Hamanaka　Flax K

25

24

1 2 3 4 球

3

球結長方包

玉針鉤織的四個球結並排宛如花朵，
是織片模樣很可愛的手提包。
提把同時具有收緊袋口的功能，
曲線柔和的皺褶更添一絲甜美少女風。

How to make ✲ P.5
Design ✲ 橋本真由子
線 ✲ Hamanaka　Flax K

3 球結長方包

作品＊P.4

＊材料與工具

線……Hamanaka Flax K 紅色（203）95g＝4球線

針……鉤針5/0號

＊密度（10cm正方形）……花樣編 22針 10段

＊成品尺寸……寬29cm 高17.5cm

＊編織方法

①鎖針起針鉤織必要針數，再鉤織花樣編的輪編，作成本體。

②鉤織蝦編線作為提把，如圖示穿進袋身，最後縫合提把的起針處與收針處。

提把
蝦編線（P.44）83c
如圖穿進袋身所示位置後縫合

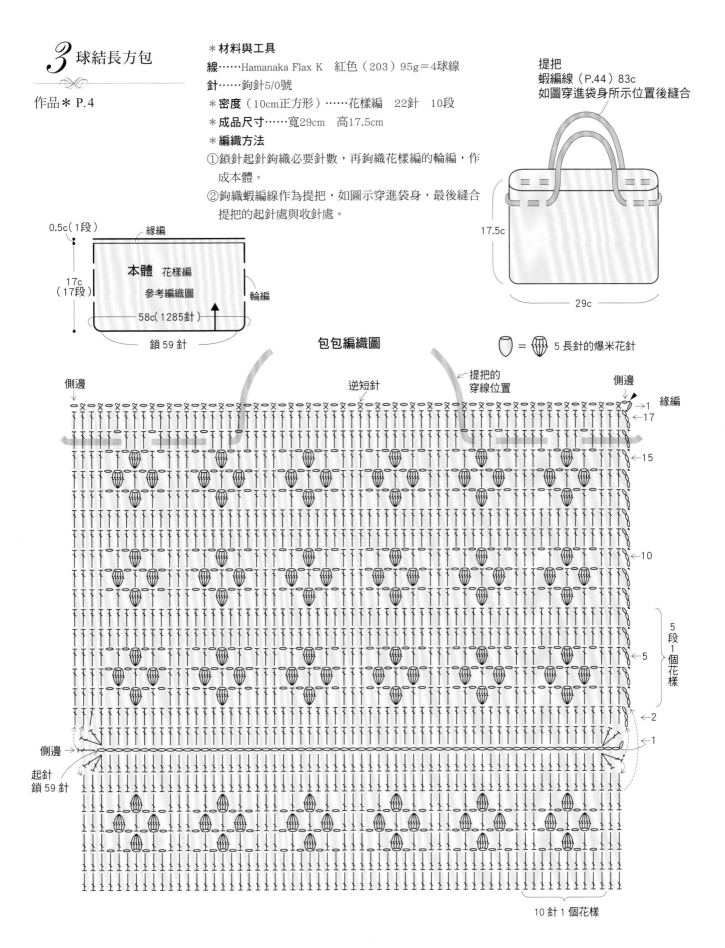

0.5c（1段）

緣編

17c
（17段）

本體 花樣編
參考編織圖

輪編

58c（1285針）

鎖59針

17.5c

29c

包包編織圖

= 5長針的爆米花針

側邊

逆短針

提把的
穿線位置

側邊

緣編

→1
←17

←15

←10

5段1個花樣

←5

←2

←1

側邊→

起針
鎖59針

10針1個花樣

鑽石織紋包

色彩鮮豔的藍色,加上吸睛的鑽石鏤空花樣。
提把上裝飾的木製鈕釦,讓整體更出色。

How to make ⚹ P.38
Design ⚹ 橋本真由子
線 ⚹ Hamanaka　Flax K

22.5

27

長針鉤織包

包包主要由長針鉤織而成,所以作法十分簡單。
中央以鎖針和玉針加點變化,小巧的織球是鈕釦也是重點裝飾。
提帶的長度稍微長了些,正好適合背在肩上。

How to make ✳ P.36
Design ✳ 水原多佳子
線 ✳ Daruma　手編線 Café brown

5

20.5

28

 球

7

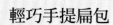

6

少女風浪漫包

鉤織時只要加上珍珠，就能作出如此可愛的手提包。
想展現少女浪漫風格時，這就是你的最佳選擇。

How to make ✳ P.39
Design ✳ 河合真弓
Made by ✳ 關谷幸子
線 ✳ Olympus　Petit Marché linen & cotton〈中〉

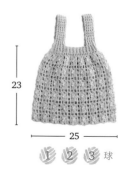

23

25

樂活休閒包

雖然造型與作品 *6* 相同，但改變顏色與織片就成了休閒風格的手提包。
配合服飾來選擇配色也很有趣呢！

How to make ✳ P.39
Design ✳ 河合真弓
Made by ✳ 栗原由美
線 ✳ Olympus　Petit Marché linen & cotton〈中〉

23

25

8

9

玉針小提包

以圓滾滾的玉針鉤織而成，小巧可愛的手提包。
由於只要兩球就能完成，令人不禁想多鉤幾個不同的顏色呢！

How to make ✲ P.11
Design ✲ Ski Yarn 企劃室
線 ✲ Ski Yarn　Ski Primo Bonet

19

20

  球

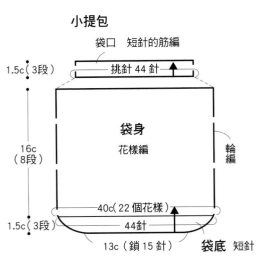

小提包

袋口　短針的筋編

1.5c（3段）

挑針 44 針

袋身
花樣編

16c
（8段）

輪編

40c（22 個花樣）

1.5c（3段）

44針

13c（鎖 15 針）　　袋底　短針

※ 袋底・袋身使用裡側作為表面

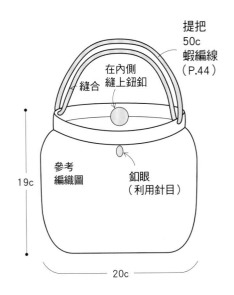

提把
50c
蝦編線
（P.44）

在內側
縫上鈕釦

縫合

參考
編織圖

19c

釦眼
（利用針目）

20c

8,9

玉針小提包
作品＊P.10

＊材料與工具

線……8　Ski Yarn　Ski Primo Bonet
　　杏與金混色線（201）80g＝2球
　　……9　Ski Yarn　Ski Primo Bonet
　　橙與古銅金混色線（205）80g＝2球

針……鉤針9/0號

＊密度（10cm正方形）……
花樣編　5.5個花樣　5段

＊成品尺寸……寬20cm　高19cm

＊編織方法

作品 8・9 各自以指定色線鉤織，織法相
同。袋底與袋身以裡側作為表面。

①鎖針起針鉤織必要針數，再鉤織短針成
　為袋底。

②以花樣編鉤織袋身。

②編織袋口時，要將袋身翻面（以裡側作
　為表面），再以短針鉤織筋編。

③鉤蝦編線作為提把，如圖示穿進袋身。

④縫上鈕釦。

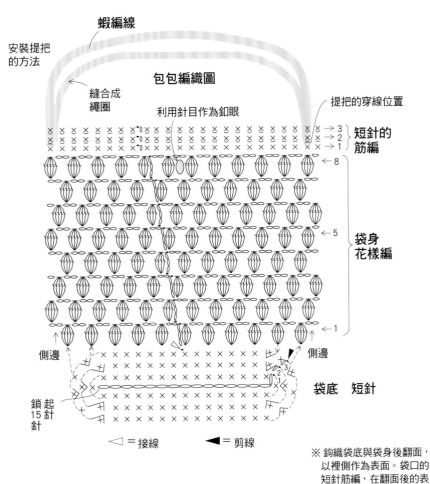

蝦編線

安裝提把
的方法

縫合成
繩圈

利用針目作為釦眼

包包編織圖

提把的穿線位置

短針的
筋編

袋身
花樣編

側邊

側邊

鎖起
15針
針

袋底　短針

◁＝接線　　　◀＝剪線

※ 鉤織袋底與袋身後翻面，
　以裡側作為表面。袋口的
　短針筋編，在翻面後的表
　面挑針鉤織。

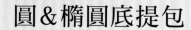

圓&橢圓底提包

這是從底部一圈一圈向上鉤織而成的手提包。
平面的袋底更方便放入其他物品。
每天外出購物時,最想帶在身邊的手提包就是它!

11

10

花朵網狀包

這是以網狀編為基礎,加入花樣形成橫條紋裝飾,
具有夏日涼爽氣息的購物包。
無論是背在肩上還是提在手上,都很方便。

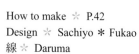

How to make ✳ P.42
Design ✳ Sachiyo ✳ Fukao
線 ✳ Daruma
　　手編線 Supima Crochet Soft

花朵可以取下。

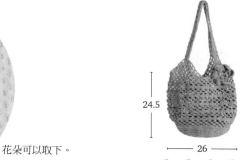

24.5

26

  球

多彩提包

即使是簡單的網狀編，
只要以多彩繽紛又有個性的線材來鉤織，
也能作出如此驚豔的主角級手提包。
似乎看著就能使人心情愉快呢！

12

13

14

15

16

How to make ☆ P.44
Design ☆ Ski Yarn 企劃室
線 ☆ Ski Yarn　Ski Primo Pandoro

25

24

1 2 球

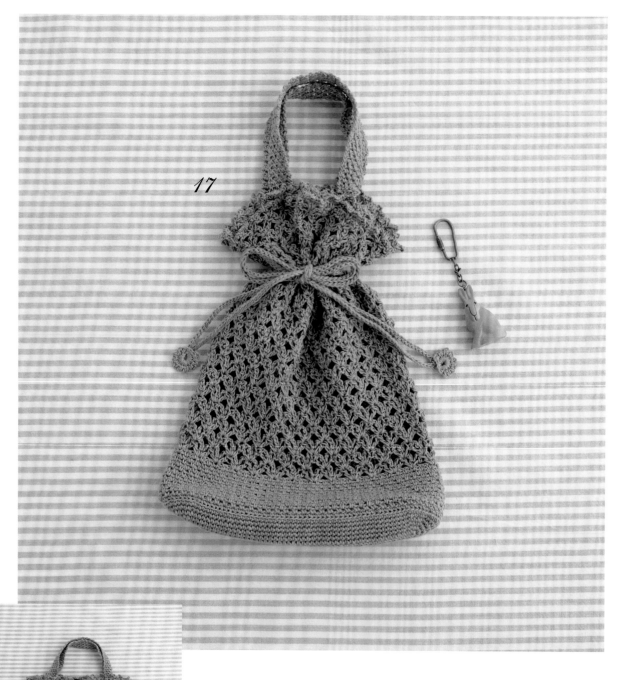

17

束口手提包二款

將帶有花朵織片的束繩收緊打結，
就成了外形可愛又看不見內容物，
討人喜愛的束口袋手提包。
單色的作品 *17*，以清爽的藍綠色鉤織而成。

How to make ☆ P.46
Design ☆ 水原多佳子
線 ☆ Olympus Linen nature

27

23 5

1 2 3 4 球

18

与作品 *17* 相同的設計。
作品 *18* 則以紅色作為對比色。
成功營造出可愛俏皮的印象。

How to make ✲ P.46
Design ✲ 水原多佳子
線 ✲ Olympus　Linen nature

27

23

① ② ③ ④ 球

19

單提把優雅包

宛如扇形的連續花樣,構成了這款漂亮優雅的單提把手提包。
因為是單色,反而讓織片的花紋更加引人注目。

How to make ☆ P.54
Design ☆ 橋本真由子
線 ☆ Hamanaka　Flax K

25.5

28

小背心鏤空包

整體以小巧的鳳梨花樣為主，
外形則宛如細緻的繞頸小背心。
綁在袋口的蝴蝶結是裝飾也是綁帶，
在末端搖晃的酢漿草也很可愛。

20

How to make ☼ P.48
Design ☼ 川路ゆみこ
線 ☼ Olympus　Linen nature

16.5

22

大型束口提包

排成直紋的玉針與圓滾滾的輪廓
形成了這個可愛的手提包。
收納能力很好的尺寸也是魅力所在。
選擇顏色漂亮的線材來鉤織吧！
21是自然風的色彩，
22是清爽的顏色。

21

How to make ✳ 21・22 P.50
Design ✳ 橋本真由子
線 ✳ Hamanaka　Eco Andaria
〈Raffie〉

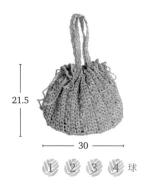

21.5

30

① 2 3 4 球

21.5

30

22

享受多彩配色包

只要組合各種顏色,就能享受風格完全不同的樂趣。
請組合自己喜歡的顏色,製作獨一無二的原創鉤織包吧!

23

三色小花包

改變針法與線材顏色後,
看起來是不是很像並排的花朵呢?
小巧的尺寸十分可愛,
放些隨身物品帶出門吧!

How to make ＊ P.52
Design ＊ 橋本真由子
線 ＊ Hamanaka　亞麻線〈linen〉

20.5

── 19 ──

24

雙色格紋包

在織入橫紋的雙色袋身上，
以鎖鍊繡的方式鉤織出直條紋，作出格紋。
大小剛好適合放入一般尺寸的書籍。

How to make ✳ P.53
Design ✳ 水原多佳子
線 ✳ Daruma 手編線 Café brown

24

21

① ② ③ ④ 球

21

雙色條紋半圓包

線條柔和的半圓造型加上條紋的可愛手提包。
只要鉤織短針的筋編與長針就能完成，作法很簡單喔！

How to make ✳ P.23
Design ✳ 河合真弓
Made by ✳ 栗原由美
線 ✳ Diamond 毛線　ア・ラ・エル（Washable）

25

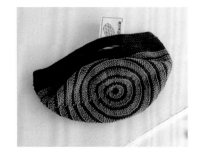

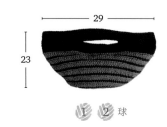

29

23

25 雙色條紋半圓包

作品＊P.22

＊材料與工具

線……Diamond毛線 ア・ラ・エル
（Washable）藏青色（618）40g＝1
球 藍色（617）35g＝1球

針……鉤針5/0號

＊成品尺寸……寬29cm 高23cm

＊編織方法

①輪狀起針鉤織袋底，袋身以花樣編A
　鉤織出條紋花色。

②袋口處以花樣編A鉤織輪編。

③提把如編織圖所示鉤織花樣編B，再
　以短針讓開口平順工整。

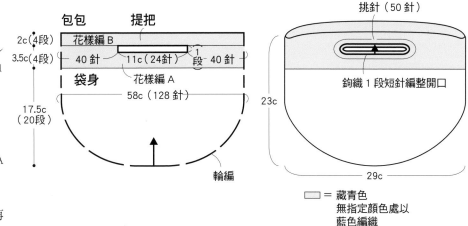

□ ＝ 藏青色
無指定顏色處以
藍色編織

袋身・袋底編織圖

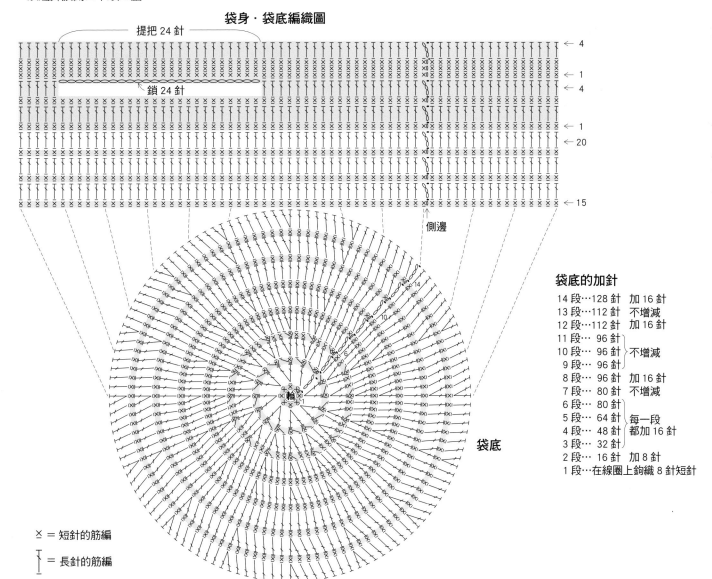

✕ ＝ 短針的筋編

T ＝ 長針的筋編

袋底的加針

14 段…128 針　加 16 針
13 段…112 針　不增減
12 段…112 針　加 16 針
11 段…　96 針 ⎫
10 段…　96 針 ⎬ 不增減
9 段…　96 針 ⎭
8 段…　96 針　加 16 針
7 段…　80 針　不增減
6 段…　80 針 ⎫
5 段…　64 針 ⎬ 每一段
4 段…　48 針 ⎬ 都加 16 針
3 段…　32 針 ⎭
2 段…　16 針　加 8 針
1 段…在線圈上鉤織 8 針短針

這個單元蒐集了使用各式花樣織片的手提包。
請享受編織花樣織片與配色的樂趣吧！

26

立體織片包

以純白色鉤織出有著立體花瓣的織片，作成可愛滿點的手提包。
方便使用的尺寸更是讓人開心。

How to make ☆ P.56
Design ☆ 河合真弓
Made by ☆ 關谷幸子
線 ☆ Diamond 毛線　Masterseed Cotton〈Linen〉

26

24

27

大織片接合包

將兩片較大的織片接合而成的手提扁包。
只要使用深色鉤織，織片花紋就會清楚浮現。

How to make ☀ P.58
Design ☀ 橋本真由子
線 ☀ Hamanaka　亞麻線〈linen〉

21.5

21.5

 球

手提祖母包

結合雅緻配色與四角形織片鉤接而成的祖母包。
因為尺寸較小，所以是只放入必須物品時攜帶的手提包。

How to make ✳ P.59
Design ✳ 岡本啟子
Made by ✳ 松富千香子
線 ✳ Hamanaka　亞麻線〈linen〉

28

21.5

26

① ② ③ ④ 球

29

小花長方包

使用四種顏色鉤織出蓬鬆柔軟的小花織片包。
帶著成熟氣息，不會太過於孩子氣的配色也很好搭配服飾。

How to make　　P.62
Design　　岡本啟子
Made by　　佐伯壽賀子
線　　Daruma　手編線 Organic Café Wool Blend

18

27

① ② ③ ④ 球

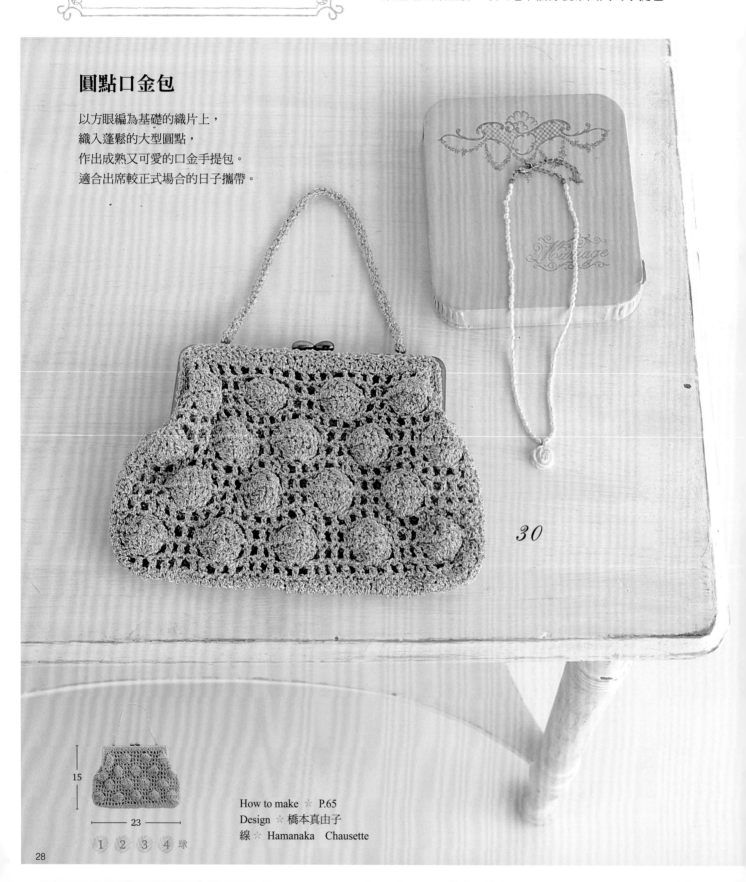

閃亮亮線材鉤織包

若換成閃亮亮的線材來鉤織，會呈現特別不一樣的感覺。
那是宛如飾品般，令人毫不猶豫就帶出門的手提包。

圓點口金包

以方眼編為基礎的織片上，
織入蓬鬆的大型圓點，
作出成熟又可愛的口金手提包。
適合出席較正式場合的日子攜帶。

30

15

23

1 2 3 4 球

How to make ☀ P.65
Design ☀ 橋本真由子
線 ☀ Hamanaka　Chausette

隨身小肩包

與作品 1 的手提包作法相同，只改變高度與提把的形式。
使用閃亮亮線材編織的小肩包，帶著一絲優雅的大人風格。

How to make ☆ P.68
Design ☆ 金子祥子
線 ☆ Hamanaka　Chausette

31

17

22

①②③④球

圓形提把包

以高雅的金蔥混色線編織而成，
整體呈現出工整典雅的印象。
加上花朵後，增添了些許華麗感，
似乎也很適合參加宴會時使用。

How to make ✳ P.31
Design ✳ 川路ゆみこ
線 ✳ Olympus　Majorca

32

20

25

① ② ③ ④ 球

32 圓形提把包

作品＊P.30

＊材料與工具

線……Olympus Majorca 黃與金蔥混色線
　　（2）95g＝4球

針……鉤針7/0號

配件……內徑9cm塑膠提把1組
　　2.5cm胸針別針1個

＊密度……寬25cm　高20cm

＊成品尺寸（10cm正方形）……
　　花樣編　17針　8段

＊編織方法

①鎖針起針鉤織必要針數，再以花樣編鉤織
　本體。

②側邊以「1針短針與2針鎖針」鉤接縫合。

③鉤織短針包覆提把，並且以捲針縫縫合。

④捲起胸花織片同時將底部縫合固定，整理
　好形狀後，安裝在別針上。

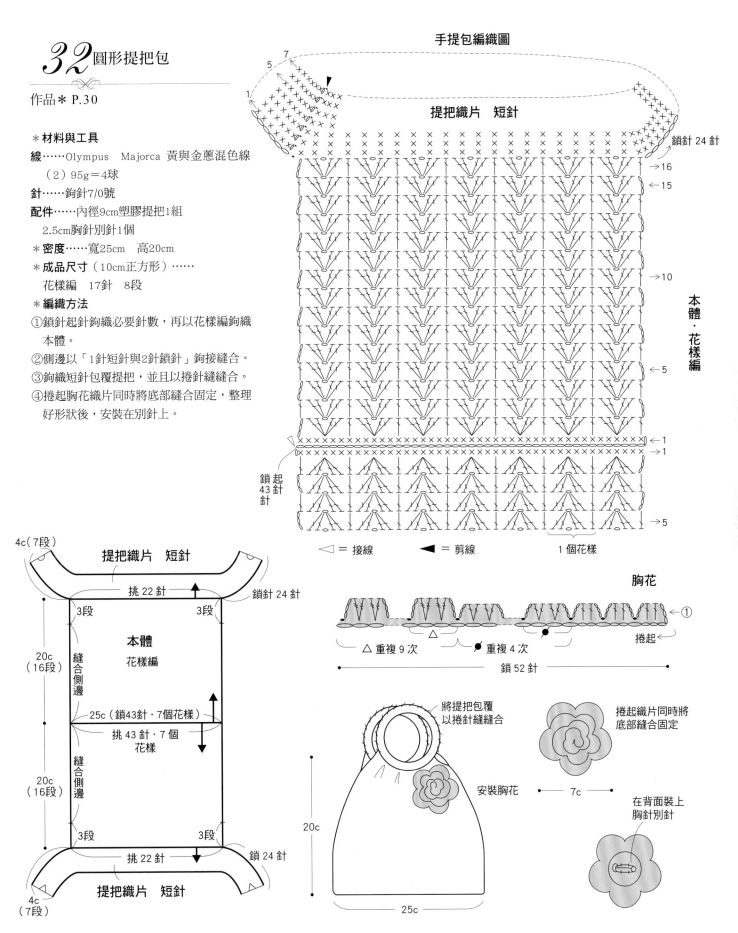

手提包編織圖

提把織片　短針

鎖針 24 針

→16
←15

→10

→5
←1
→1

本體・花樣編

鎖起 43 針起針

→5

◁ ＝ 接線　　◀ ＝ 剪線　　1 個花樣

提把織片　短針

挑 22 針　鎖針 24 針

3段　　3段

本體
花樣編

20c（16段）

縫合側邊

25c（鎖43針・7個花樣）

挑 43 針・7 個花樣

縫合側邊

20c（16段）

3段　　3段

挑 22 針　鎖 24 針

提把織片　短針

4c（7段）

胸花

△ 重複 9 次　　● 重複 4 次

鎖 52 針

①

捲起

將提把包覆
以捲針縫縫合

安裝胸花

捲起織片同時將
底部縫合固定

7c

20c

25c

在背面裝上
胸針別針

33

花邊橢圓包

可愛的橢圓形手提包,加上多層貝殼般的波浪花邊。
獨特造型搭配明亮色彩,營造出沉靜的大人風。

How to make ☀ P.66
Design ☀ 金子祥子
線 ☀ Hamanaka　Eco Andaria

24

24

1　2　3　球

2 鳳梨織紋包

作品＊P.3

＊材料與工具

線……Hamanaka Flax K 紫色
　（15）90g＝4球

針……鉤針5/0號

＊密度（10cm正方形）……
　花樣編1個花樣8cm 10cm11.5段

＊成品尺寸……寬24cm 高25cm

＊編織方法

①鎖針起針鉤織必要針數，再鉤織
　長針的輪編成為袋底。

②以花樣編鉤織本體。

③接著鉤織短針作為提把。

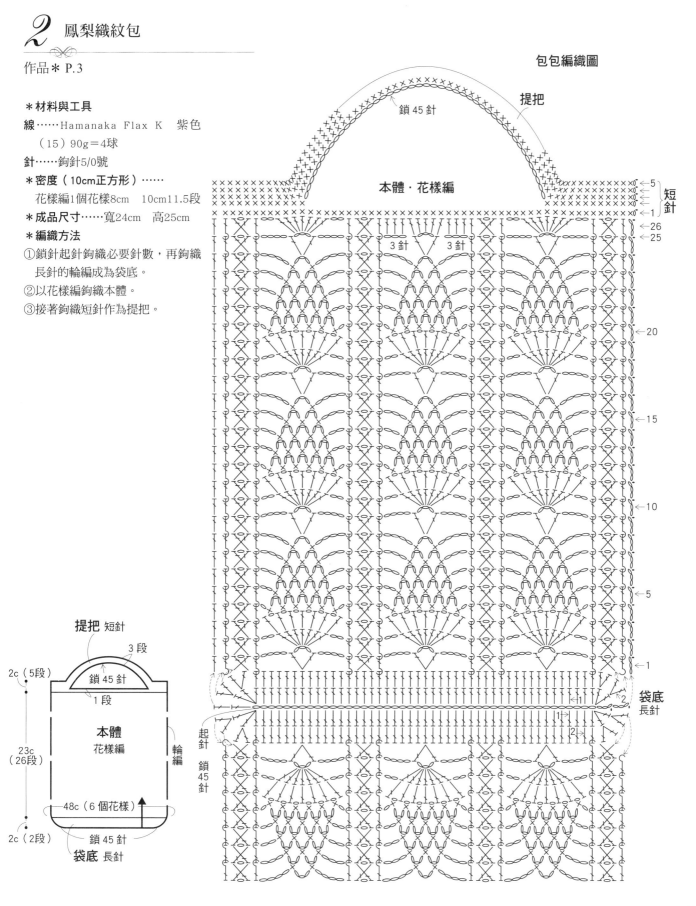

包包編織圖

提把
鎖45針

本體・花樣編

3針　　3針

短針

←5
←1

←26
←25

←20

←15

←10

←5

←1

起針
鎖
45
針

袋底
長針

提把 短針
3段
鎖45針
1段

2c（5段）

23c
（26段）

本體
花樣編

輪編

2c（2段）

48c（6個花樣）

鎖45針

袋底 長針

33

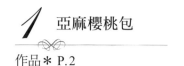

1 亞麻櫻桃包

作品＊P.2

＊材料與工具

線⋯⋯Hamanaka 亞麻線〈linen〉 帶灰粉紅（3）100g＝4球

針⋯⋯鉤針6/0號

配件⋯⋯2cm別針1個

＊密度（10cm正方形）⋯⋯花樣編1個花樣5.75cm 10cm9.5段

＊成品尺寸⋯⋯寬23cm 高24cm

＊編織方法

①鎖針起針鉤織必要針數，再以花樣編鉤織輪編。

②將本體正面朝外，針目對齊疊合，鉤織短針接合袋底。

③鉤織2條提把，如圖所示綁在本體上。

④製作櫻桃別針時，櫻桃梗與葉子為1個織片，果實則以輪狀起針另外鉤織。
縫合果實與櫻桃梗，在背面裝上別針。

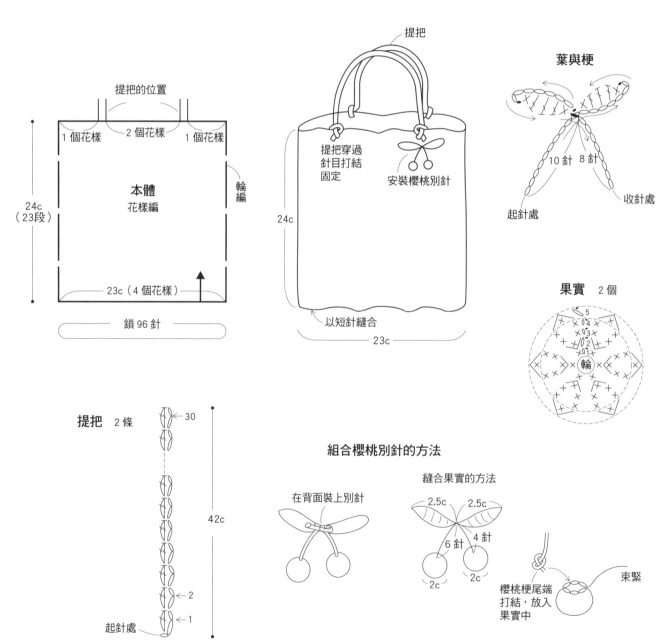

提把的位置

1個花樣　2個花樣　1個花樣

本體
花樣編

輪編

24c
（23段）

23c（4個花樣）

鎖96針

提把

提把穿過
針目打結
固定

安裝櫻桃別針

24c

以短針縫合

23c

葉與梗

10針　8針

起針處

收針處

果實　2個

提把　2條

30

42c

2

1

起針處

組合櫻桃別針的方法

在背面裝上別針

縫合果實的方法

2.5c　2.5c

6針　4針

2c　2c

櫻桃梗尾端
打結，放入
果實中

束緊

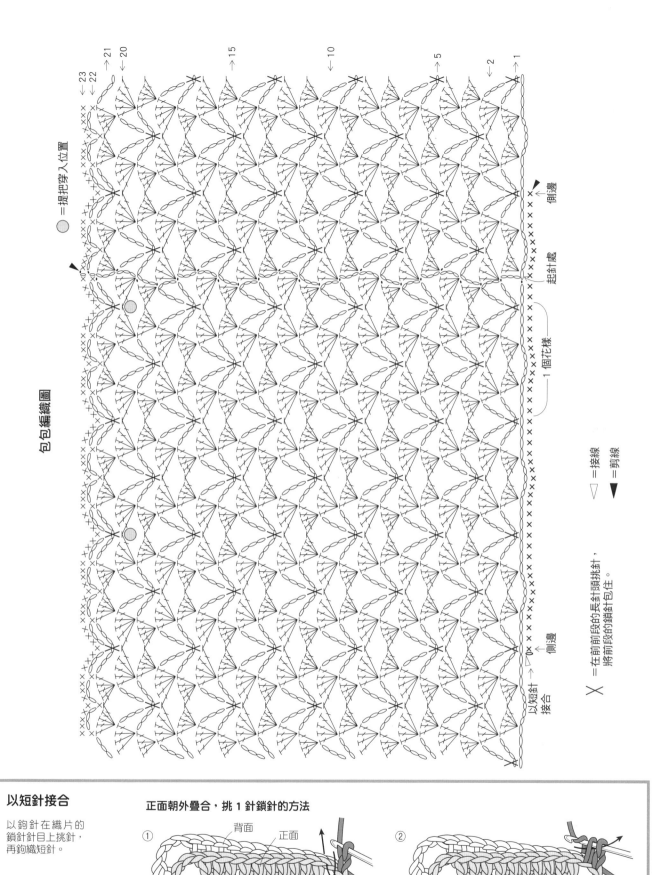

包包編織圖

● =提把穿入位置

△ =接線

▲ =剪線

✕ =在前前段的長針針頭挑針，將前段的鎖針包針包住。

1 個花樣

側邊

起針處

側邊

以短針接合

以短針接合

以鉤針在織片的鎖針針目上挑針，再鉤織短針。

正面朝外疊合，挑 1 針鎖針的方法

① 背面　正面

②

5 長針鉤織包

作品＊P.7

＊材料與工具

線……Daruma手編線 Café brown　土黃色（4）85g＝4球

針……鉤針6/0號

配件……直徑2cm包釦1個

＊密度（10cm正方形）……長針20針 9.5段　花樣編1個花樣5cm

＊成品尺寸……寬28cm　高20.5cm

＊編織方法

①鎖針起針鉤織必要針數，再以長針與花樣編鉤織後袋身與袋蓋。

②鉤織前袋身。

③挑針併縫側邊。

④鉤織提把，收針處以捲針縫接縫。

⑤輪狀起針鉤織鈕釦，縫在前袋身的袋口中央。

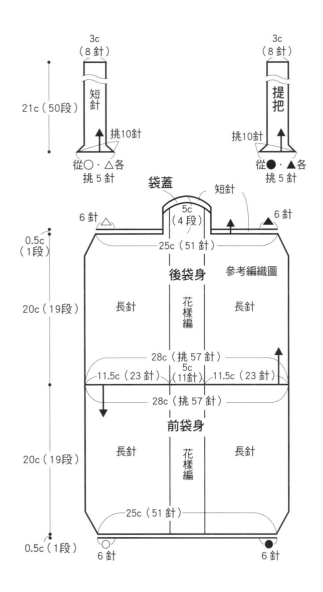

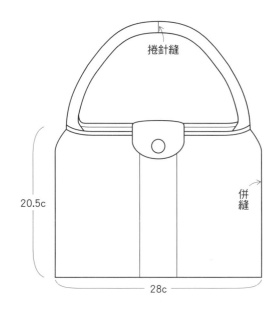

織球鈕釦

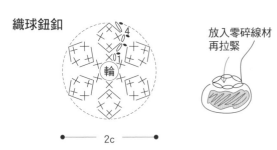

放入零碎線材再拉緊

2c

長針的併縫

同色線

對齊織片針目，再依箭頭方向接縫。

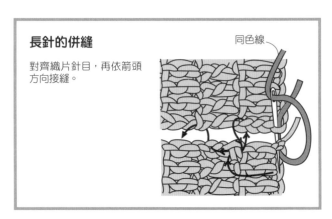

包包編織圖

以捲針縫接合

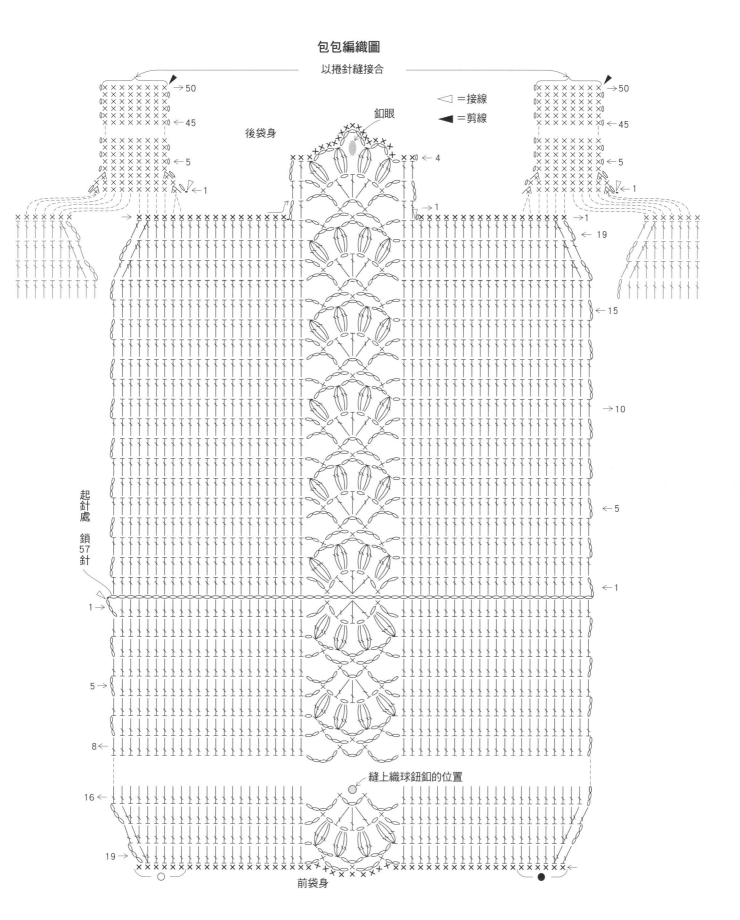

→50
←45
←5
→1

→50
←45
←5
→1

▷＝接線
◀＝剪線

釦眼

後袋身

←4
→1

←19

←15

→10

←5

←1

起針處
鎖
57
針

1→

5→

8←

16←

19→

縫上織球鈕釦的位置

前袋身

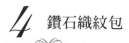

4 鑽石織紋包

作品＊P.6

＊材料與工具

線……Hamanaka Flax K　藍色（18）75g＝3球

針……鉤針5/0號

配件……直徑2cm鈕釦4個

＊密度（10cm正方形）……花樣編1個花樣9cm　10cm12段

＊成品尺寸……寬27cm　高22.5cm

＊編織方法

①鎖針起針鉤織必要針數，再鉤織花樣編的輪編製作本體。

②鎖針起針鉤織2條提把。

③縫上鈕釦將提把固定在本體上。

提把　2條

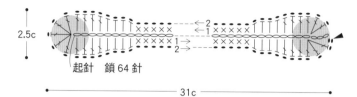

2.5c

起針　鎖64針

31c

包包編織圖

包包

22.5c
（27段）

本體
花樣編

輪編

54c（6個花樣）

鎖43針

縫上固定

鈕釦
縫上鈕釦將提把
固定在本體上

※鈕釦位置請參考
編織圖

22.5c

27c

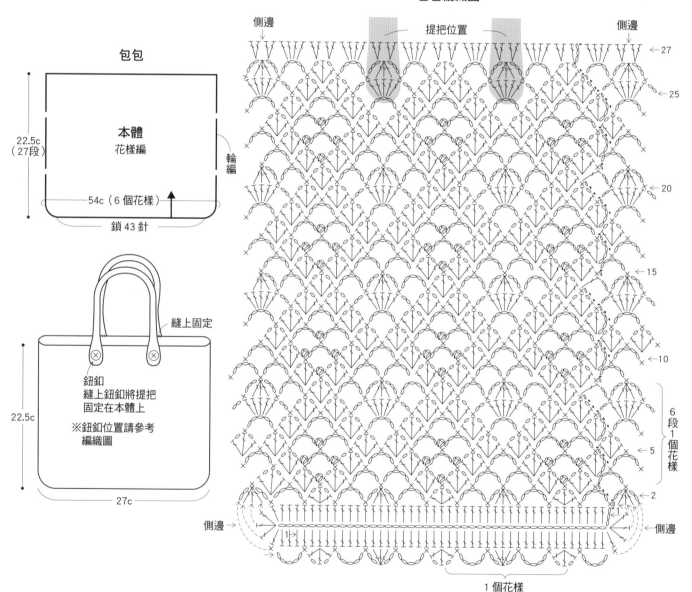

側邊　提把位置　側邊

←27

←25

←20

←15

←10

6段1個花樣

←5

←2

側邊　側邊

1個花樣

6,7 少女風浪漫包・樂活休閒包

作品＊P.8,9

＊材料與工具

線……6 Olympus Petit March linen & cotton〈中〉25g/球
　杏色（52）75g＝3球

　……7 Olympus Petit March linen & cotton〈中〉25g/球
　橄欖綠（58）70g＝3球

針……鉤針3/0號

配件……6 5mm珍珠108個

＊密度（10cm正方形）……6 花樣編A 32針　11.5段
7 花樣編B 26針　9段

＊成品尺寸……寬25cm　高23cm

＊編織方法

作品6・7各自以指定色線依編織圖鉤織。
①鎖針起針鉤織必要針數，再鉤織花樣編。
　作品6需先將珍珠穿入織線。
②鉤織緣編・提把。
③提把末端與背面緣編針目對齊，挑針併縫。
④作品6以捲針縫接縫袋底即完成。

作品6

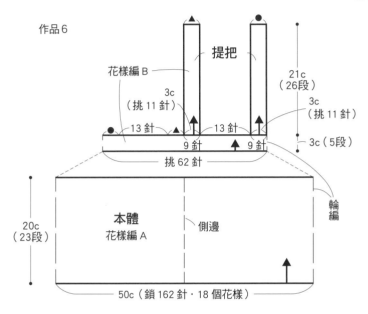

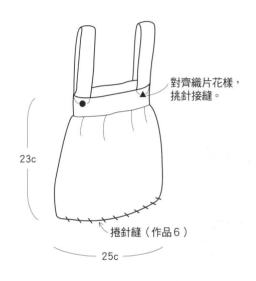

對齊織片花樣，
挑針接縫。

23c

捲針縫（作品6）

25c

作品7

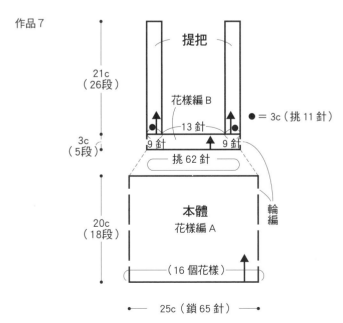

※ 提把的作法與作品6相同

★接下頁

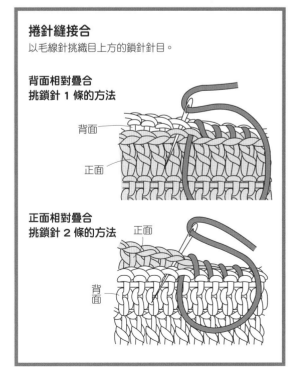

捲針縫接合
以毛線針挑織目上方的鎖針針目。

**背面相對疊合
挑鎖針1條的方法**

背面

正面

**正面相對疊合
挑鎖針2條的方法**

正面

背面

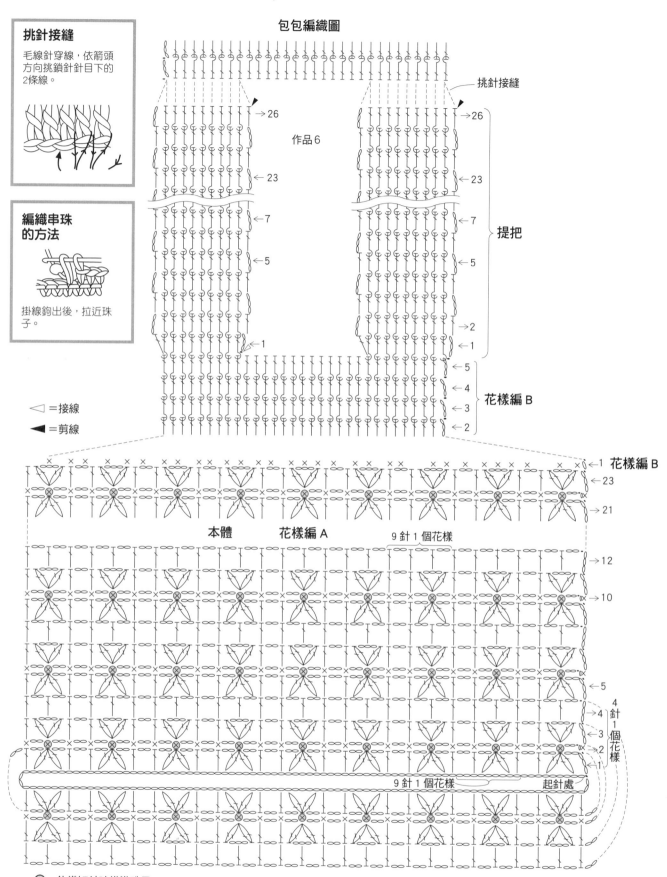

挑針接縫

毛線針穿線，依箭頭方向挑鎖針針目下的2條線。

編織串珠的方法

掛線鉤出後，拉近珠子。

◁＝接線

◀＝剪線

作品6

挑針接縫

→26

←23

←7

←5

→2

←1

提把

←5

←4

←3

←2

花樣編 B

→1 **花樣編 B**

←23

→21

本體　　花樣編 A

9針1個花樣

→12

→10

←5

←4
←3
←2
←1

4針1個花樣

9針1個花樣　　　　起針處

⊗＝鉤織短針時織進珠子。

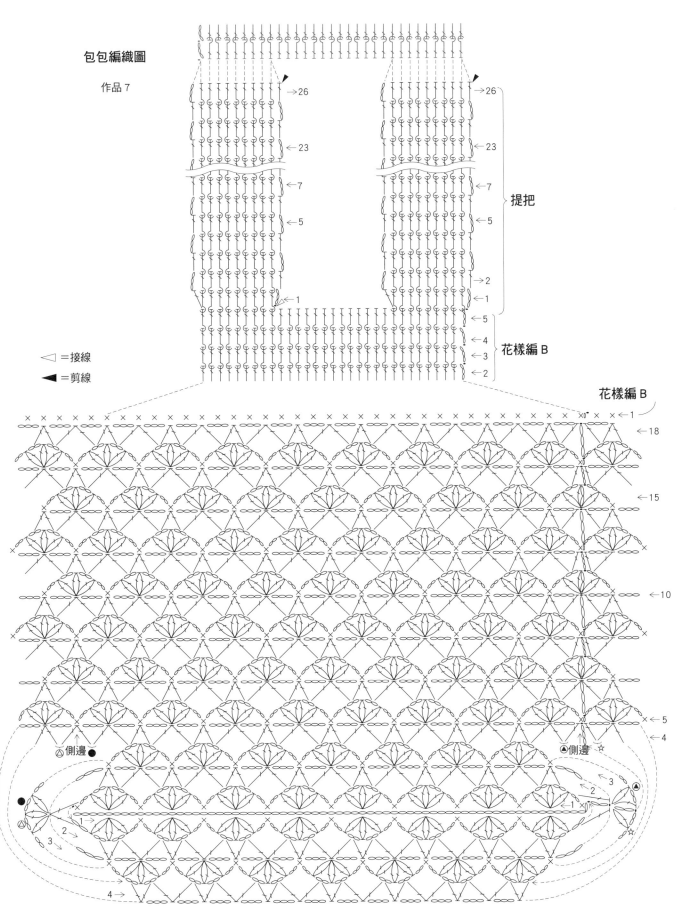

包包編織圖

作品 7

→26
←23
←7
←5
→2
←1

提把

←5
←4
←3
←2

花樣編 B

花樣編 B

◁ ＝接線
◀ ＝剪線

←18
←15
←10
←5
←4

△側邊●
☆
▲側邊☆

←1

←3
←2
←1

←1
2
3

4→

10,11 花朵網狀包

作品＊P.12

＊材料與工具

線……*10* Daruma手編線 Supima Crochet Soft　原色（2）90g
＝4球

　　……*11* Daruma手編線 Supima Crochet Soft　鮮綠色（11）
90g＝4球

針……鉤針4/0號

配件……7mm木珠3個・3cm別針1個

＊密度（10cm正方形）……花樣編1個花樣5.75cm　10cm9.5段

＊成品尺寸……寬26cm　高24.5cm

＊編織方法

作品*10*・*11*各自以指定色線鉤織，織法相同。

①輪狀起針鉤織袋底，再以長針與花樣編的輪編鉤織袋身。

②袋身完成後，分為左右兩邊接續鉤織提把，最後以捲針縫接合提把。

③輪狀起針依編織圖鉤織花朵，並於中央加裝木珠，在背面縫上別針。

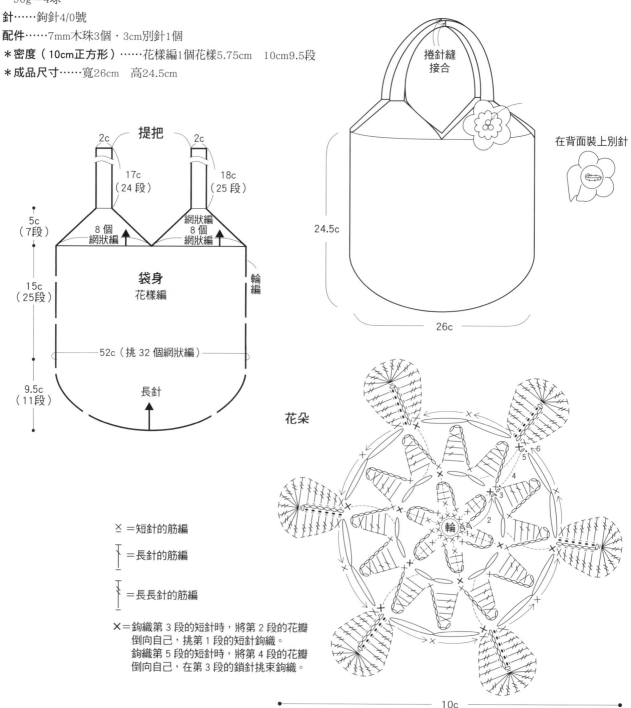

提把

2c　2c

17c（24段）　18c（25段）

5c（7段）

8個網狀編　網狀編8個網狀編

15c（25段）

袋身 花樣編

輪編

52c（挑32個網狀編）

9.5c（11段）

長針

捲針縫接合

24.5c

26c

在背面裝上別針

花朵

輪

10c

×＝短針的筋編

↑＝長針的筋編

↑＝長長針的筋編

×＝鉤織第3段的短針時，將第2段的花瓣
　　倒向自己，挑第1段的短針鉤織。
　　鉤織第5段的短針時，將第4段的花瓣
　　倒向自己，在第3段的鎖針挑束鉤織。

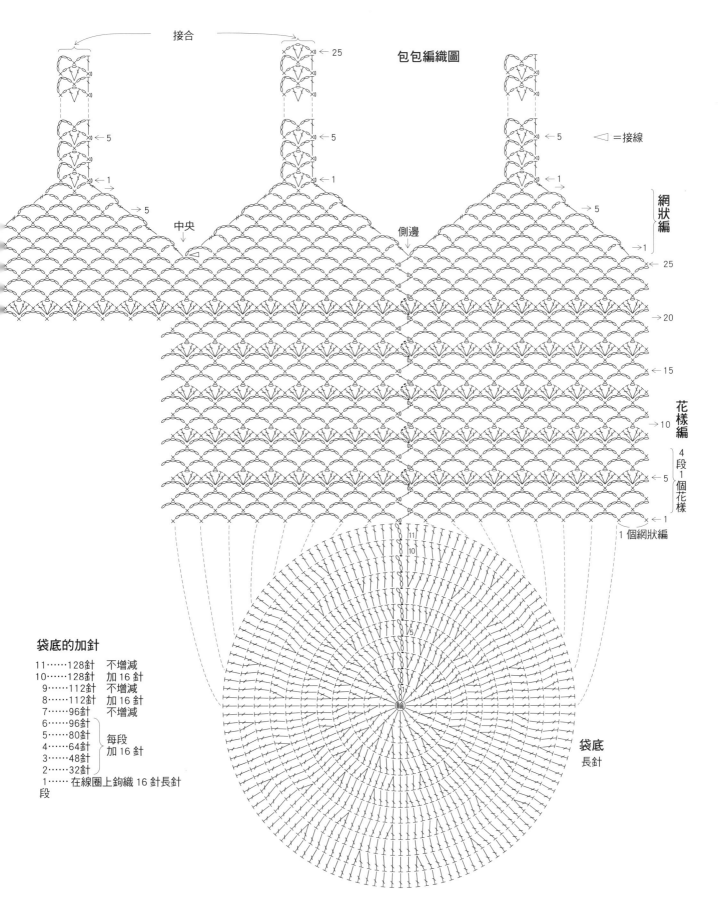

接合

×0 ← 25

← 5

← 1

→ 5

包包編織圖

中央

側邊

◁ =接線

網狀編

← 25

→ 20

→ 15

花樣編

→ 10

4段1個花樣

← 5

1個網狀編

← 1

袋底的加針

11……128針　不增減
10……128針　加16針
9……112針　不增減
8……112針　加16針
7……96針　不增減
6……96針
5……80針
4……64針　　每段
3……48針　　加16針
2……32針
1……在線圈上鉤織16針長針
段

袋底

長針

12~16 多彩提包

作品＊P.13

＊材料與工具

線……*12* Ski Yarn Ski Primo Pandoro 玫瑰粉（306）60g＝2球
　……*13* Ski Yarn Ski Primo Pandoro 黃色（303）60g＝2球
　……*14* Ski Yarn Ski Primo Pandoro 水藍色（304）60g＝2球
　……*15* Ski Yarn Ski Primo Pandoro 綠色（305）60g＝2球
　……*16* Ski Yarn Ski Primo Pandoro 藏青色（307）60g＝2球
針……鉤針6/0號

＊編織方法

作品*12*～*16*各自以指定色線鉤織，織法相同。

①輪狀起針鉤織網狀編袋底，再鉤1段長針、1段網狀編的本體。

②將袋口分為左右兩側，在最終段繼續鉤織提把。

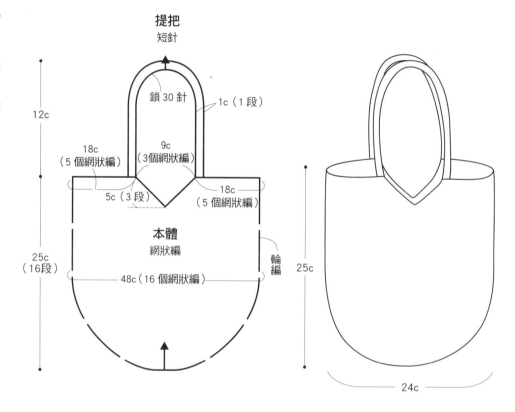

提把
短針

鎖30針

1c（1段）

12c

18c
（5個網狀編）

9c
（3個網狀編）

5c（3段）

18c
（5個網狀編）

本體
網狀編

輪編

25c
（16段）

48c（16個網狀編）

25c

24c

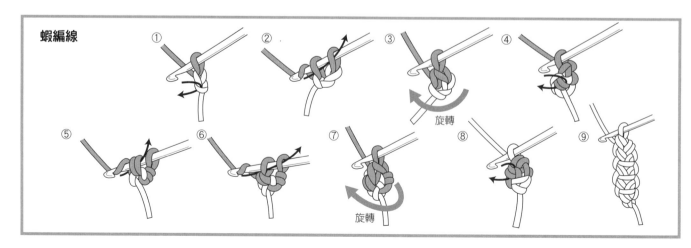

蝦編線

① ② ③ 旋轉 ④

⑤ ⑥ ⑦ 旋轉 ⑧ ⑨

44

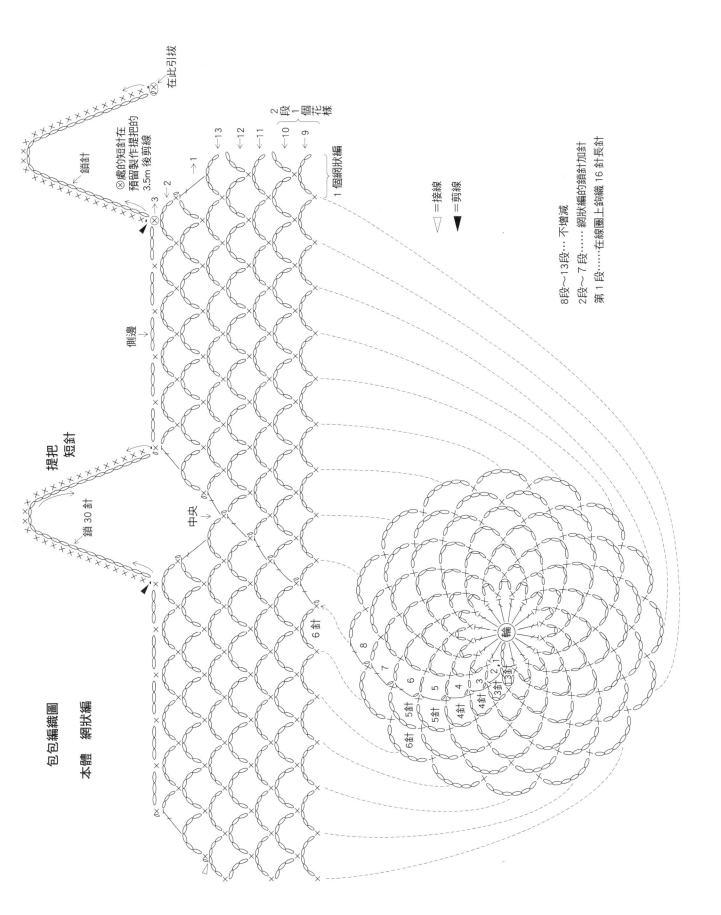

包包編織圖

本體　網狀編

提把　短針

鎖 30 針

中央

側邊

6 針

鎖針

在此引拔

⊗處的短針在提把製作時預留製作提把的3.5m 後剪線

1 個網狀編

1 個花樣

2 段

1 段

⊿ ＝接線

▲ ＝剪線

8段～13段… 不增減

2段～7 段……網狀編的鎖針加針

第 1 段……在線圈上鉤織 16 針長針

→1　→2　→3　←9　←10　←11　←12　←13

17,18 束口手提包二款

作品＊P.14,15

＊材料與工具

線……*17* Olympus Linen nature　青瓷色（10）　95g＝4球

　……*18* Olympus Linen nature　杏色（2）70g＝3球　紅色

　（12）25g＝1球

針……鉤針4/0號

＊密度（10cm正方形）……花樣編　6個花樣　9.5段

＊成品尺寸……袋底23×5cm　高27cm

＊編織方法

作品 *17*・*18* 各自以指定色線鉤織，織法相同。

①輪狀起針，以短針鉤織袋底。

②袋身以花樣編A・花樣編B的輪編鉤織。

③從袋身的內側挑針鉤織提把。

④鉤織束口繩，依編織圖穿進袋身。

穿束口繩的方法

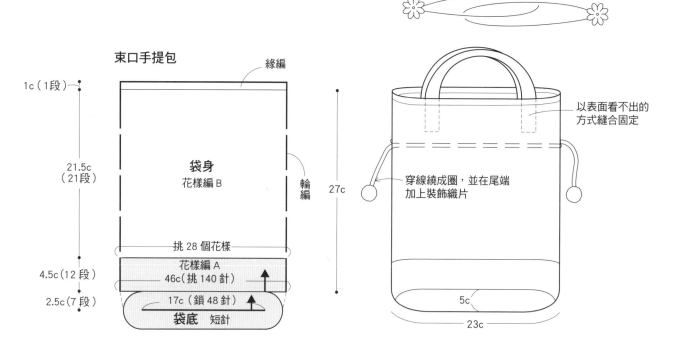

束口手提包

緣編

袋身
花樣編B

輪編

1c（1段）

21.5c（21段）

27c

挑28個花樣

花樣編A
46c（挑140針）

4.5c（12段）

17c（鎖48針）

2.5c（7段）

袋底　短針

以表面看不出的
方式縫合固定

穿線繞成圈，並在尾端
加上裝飾織片

5c

23c

提把　2條

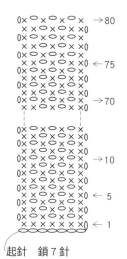

→80

←75

→70

→10

←5

←1

起針　鎖7針

裝飾織片　2個　作品18　紅色

輪

2c

□ 作品18 使用紅色與杏色製作，
無指定處則以杏色鉤織。
作品17 使用青瓷色單色鉤織。

束口繩　引拔針線繩　2條

60c（鎖170針）

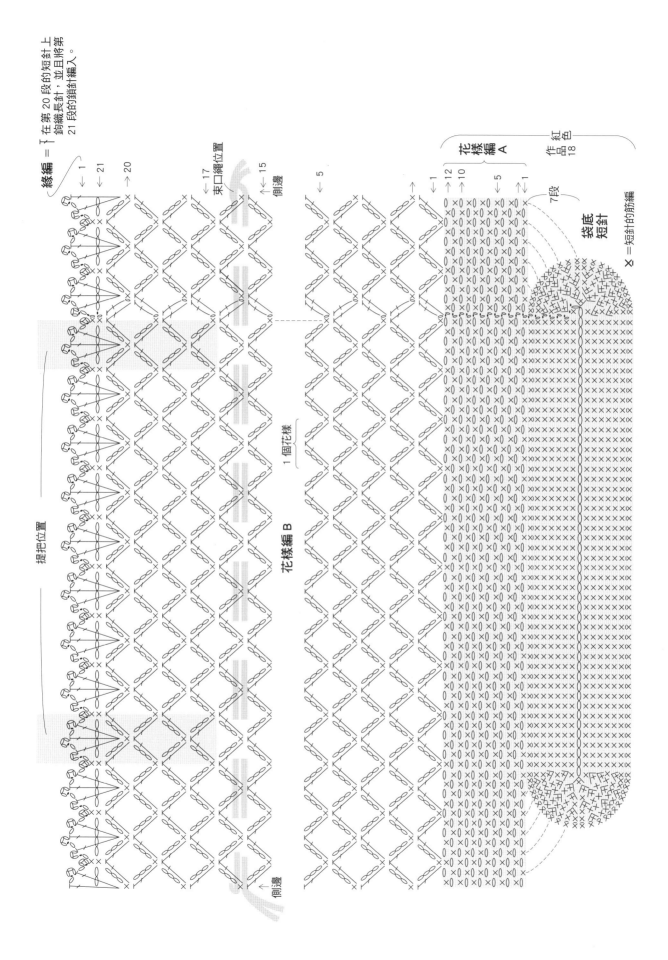

緣編 =「 在第 20 段的短針上
鉤織長針，並且將第
21 段的鎖針編入。」

↓1
←21
→20

束口繩位置

←17

↓15
側邊

提把位置

花樣編 B

1 個花樣

花樣編 A

作品
18
紅色

←5

↓1
→12
→10
←5
↓↑1

7段

袋底
短針

X = 短針的筋編

側邊

20 小背心鏤空包

作品＊P.17

＊材料與工具

線……Olympus Linen nature　可可色（3）65g＝3球

針……鉤針4/0號

＊密度（10cm正方形）……花樣編1個花樣　5.5cm　12段

＊成品尺寸……寬22cm　高16.5cm

＊編織方法

①輪狀起針以長針鉤織袋底。

②再以花樣編的輪編鉤織袋身。

③分出前、後側，分別以長針編織袋口與提把。

④在提把與袋口鉤1段短針，編整邊緣。

⑤將綁帶縫於前、後袋口中央的緣編上。

綁帶　2條

在 ⬭ 針目上鉤3針長針與3針引拔針。

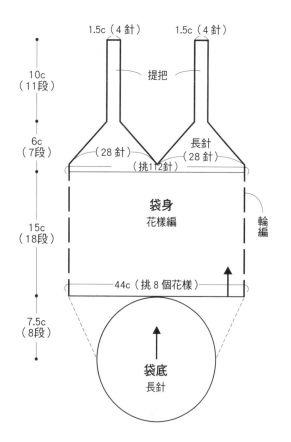

提把・袋口的緣編
短針

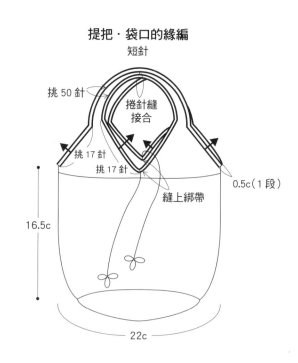

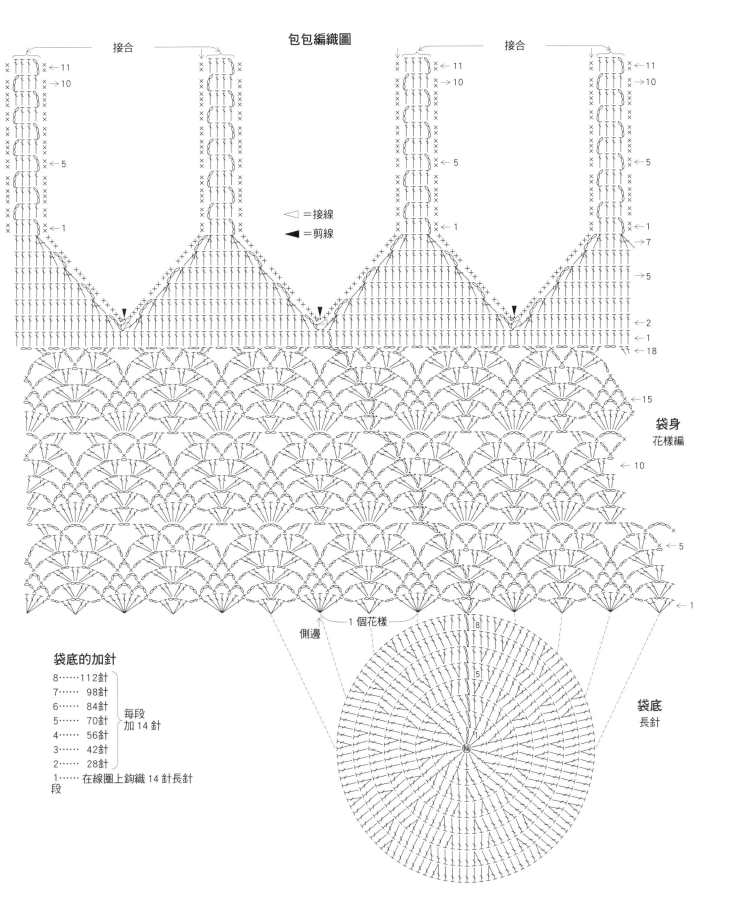

包包編織圖

接合　　　　　　　接合

←11
→10

←5

←1

◁＝接線
◀＝剪線

→7
→5

←2
←1
←18

袋身
花樣編

←15

←10

←5

←1

1個花樣
側邊

8
5

袋底
長針

袋底的加針

8……112針
7……98針
6……84針
5……70針　每段
4……56針　加14針
3……42針
2……28針
1……在線圈上鉤織14針長針
段

21,22 大型束口提包

作品＊P.18,19

＊材料與工具

線……*21* Hamanaka Eco Andaria〈Raffie〉 金色（602）150g＝4球

……*22* Hamanaka Eco Andaria〈Raffie〉 藍色（616）150g＝4球

針……鉤針5/0號

＊**密度（10cm正方形）**……花樣編 24針 12段

＊**成品尺寸**……寬30cm 高21.5cm

＊**編織方法**

作品 *21*・*22* 各自以指定色線鉤織，織法相同。

①輪狀起針以中長針鉤織袋底。

②以花樣編的輪編鉤織袋身。

③鉤織提把，如圖所示裝上。

④花朵織片置於袋身兩側，中央縫合固定。鉤織裝飾繩，參考圖示穿入袋身。

束口提包

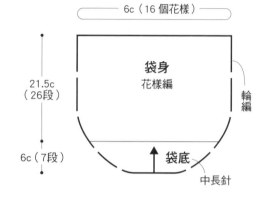

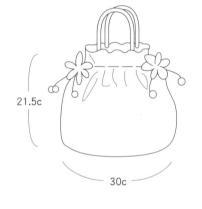

提把 2條

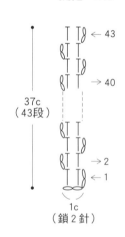

花朵織片 2片

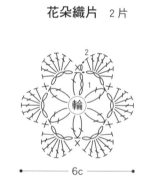

裝飾繩穿入織片的方法

裝飾繩 2條

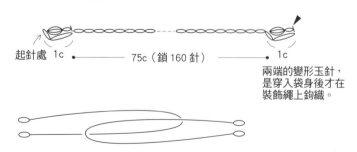

起針處 1c ─── 75c（鎖160針） ─── 1c

兩端的變形玉針，
是穿入袋身後才在
裝飾繩上鉤織。

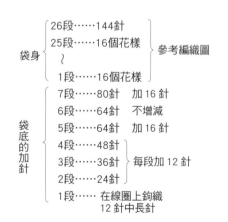

袋身 {
26段……144針
25段……16個花樣
〜
1段……16個花樣
} 參考編織圖

袋底的加針 {
7段……80針 加16針
6段……64針 不增減
5段……64針 加16針
4段……48針
3段……36針 } 每段加12針
2段……24針
1段…… 在線圈上鉤織
12針中長針
}

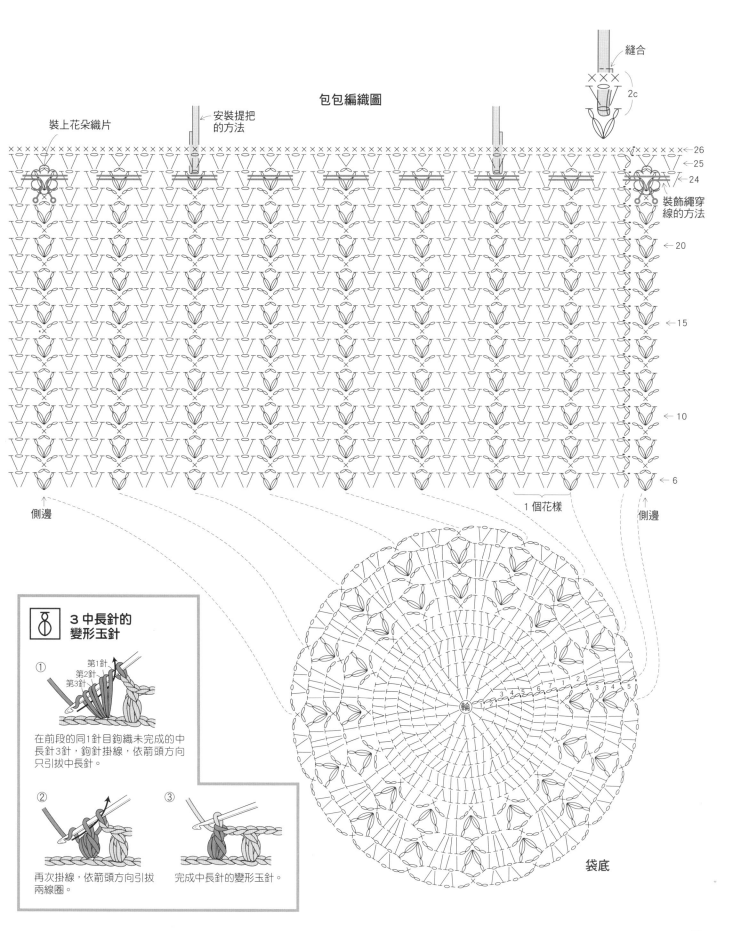

包包編織圖

裝上花朵織片

安裝提把
的方法

縫合

2c

裝飾繩穿
線的方法

←26
←25
←24
←20
←15
←10
←6

側邊

1個花樣

側邊

袋底

**3 中長針的
變形玉針**

① 第1針
第2針
第3針

在前段的同1針目鉤織未完成的中
長針3針,鉤針掛線,依箭頭方向
只引拔中長針。

② ③

再次掛線,依箭頭方向引拔
兩線圈。

完成中長針的變形玉針。

23 三色小花包

作品＊P.20

＊材料與工具

線……Hamanaka 亞麻線〈linen〉

　　褐色（10）50g＝2球　帶灰粉

　　紅（3）20g＝1球　綠色（9）

　　15g＝1球

針……鉤針5/0號

＊密度（10cm正方形）……

　　花樣編　22針　12段

＊成品尺寸……

　　寬19cm　高20.5cm

＊編織方法

①鎖針起針鉤織必要針數，再以

　短針鉤織袋底。

②以花樣編的輪編鉤織袋身。

③鉤織提把，穿入圖示的穿口再

　縫合固定。

④穿入裝飾繩。

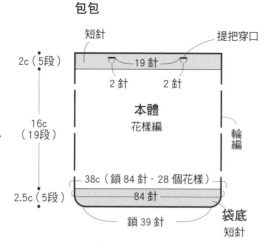

包包

短針　提把穿口

2c（5段）　19針

2針　2針

16c（19段）

本體 花樣編

輪編

38c（鎖84針・28個花樣）

2.5c（5段）　84針

鎖39針　袋底 短針

縫合 1.5c

20.5c

19c

※ 換色接線方法請參考 P.53

提把　2條

27c（鎖55針）

裝飾繩　2條

起針處

1.5c　23c（鎖90針）　1.5c

裝飾繩的穿法

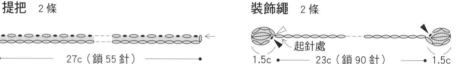

包包編織圖

本體 花樣編

提把穿口

中央

←19

裝飾繩的穿法

←15

←10

6段1個花樣

←5

←1

1個花樣

側邊　側邊

袋底 短針

── ＝帶灰粉紅

── ＝綠色

▨ ＝褐色

⋎ ＝鉤入3短針，加針。

起針 鉤39針

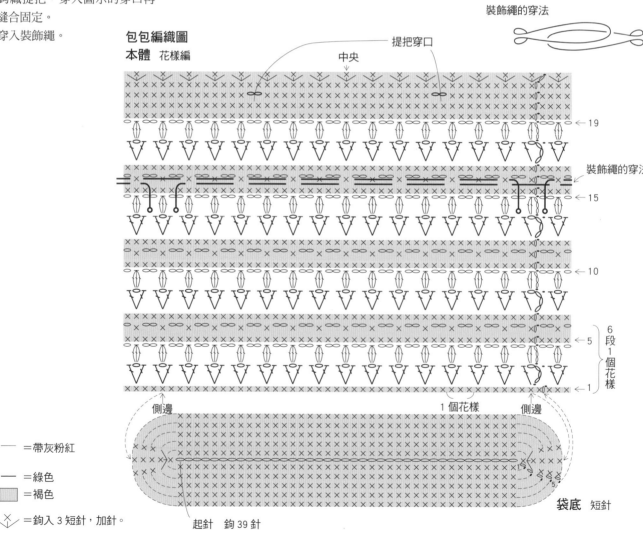

24 雙色格紋包

作品＊P.21

＊材料と用具

線……Daruma 手編線 Café brown 原色（1）45g＝2球 橄欖綠（9）35g＝2球

針……鉤針6/0號

＊密度（10cm正方形）……花樣編A 21.5針 9段

＊成品尺寸……寬21cm 高24cm

＊編織方法

①鎖針起針鉤織必要針數，再以花樣編A編織本體。

②鉤織直紋，以鎖鍊繡的技巧從一側袋口鉤至另一側袋口。

③挑針併縫側邊，在袋口處鉤織緣編。

④從緣編挑針鉤織提把，收針時也是在緣編上挑針引拔接合。

⑤提把的短針部分以捲針縫縫合成對摺狀。

換色接線的方法

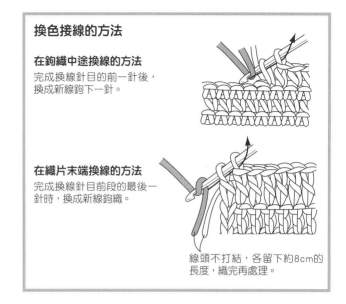

在鉤織中途換線的方法
完成換線針目的前一針後，換成新線鉤下一針。

在織片末端換線的方法
完成換線針目前段的最後一針時，換成新線鉤織。

線頭不打結，各留下約8cm的長度，織完再處理。

提把編織圖

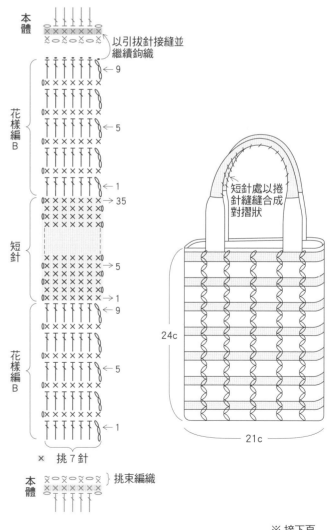

以引拔針接縫並繼續鉤織

× 挑7針

挑束編織

短針處以捲針縫縫合成對摺狀

24c

21c

※ 接下頁

提把 參考編織圖

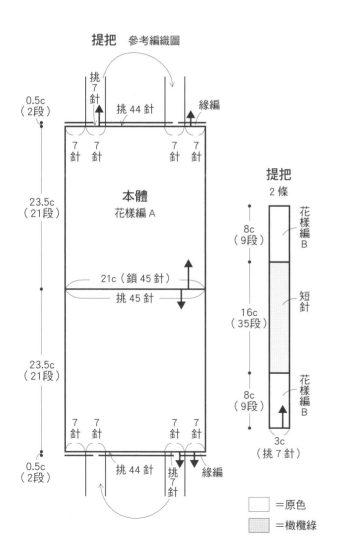

挑7針

挑44針

緣編

7針 7針 7針 7針

0.5c（2段）

23.5c（21段）

21c（鎖45針）

挑45針

23.5c（21段）

7針 7針 7針 7針

0.5c（2段）

挑44針 挑7針 緣編

本體 花樣編A

提把 2條

8c（9段）花樣編B

16c（35段）短針

8c（9段）花樣編B

3c（挑7針）

□＝原色

▨＝橄欖綠

花樣編A‧本體的編織圖

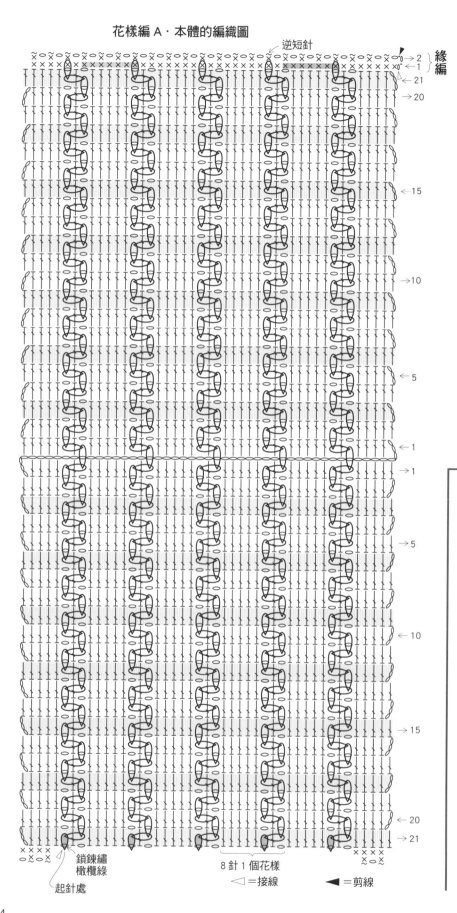

逆短針

緣編

←2
←1
←21
→20

←15

←10

←5

←1

→1

→5

→10

→15

→20
→21

鎖鍊繡
橄欖綠

起針處

8針1個花樣

◁＝接線　◀＝剪線

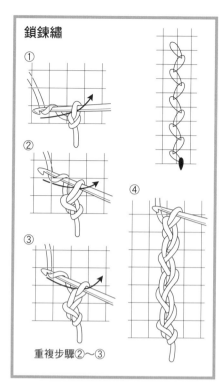

鎖鍊繡

①
②
③
④

重複步驟②～③

🧶＝參考上圖進行鎖鍊繡

19

單提把優雅包
作品 ＊ P.16

＊材料と用具
線……Hamanaka Flax K　紅褐色（202）
　　　75g＝3球
針……鉤針5/0號
＊密度（10cm正方形）……
　　　花樣編　23針　10段
＊成品尺寸……
　　　寬28cm　高25.5cm
＊編織方法
①輪狀起針以長針鉤織袋底。
②以花樣編的輪編鉤織袋身。
③將袋身分為前後，在中央鉤織提把，
　收針處以捲針縫接合。
④在提把與袋口鉤1段緣編，編整邊緣。

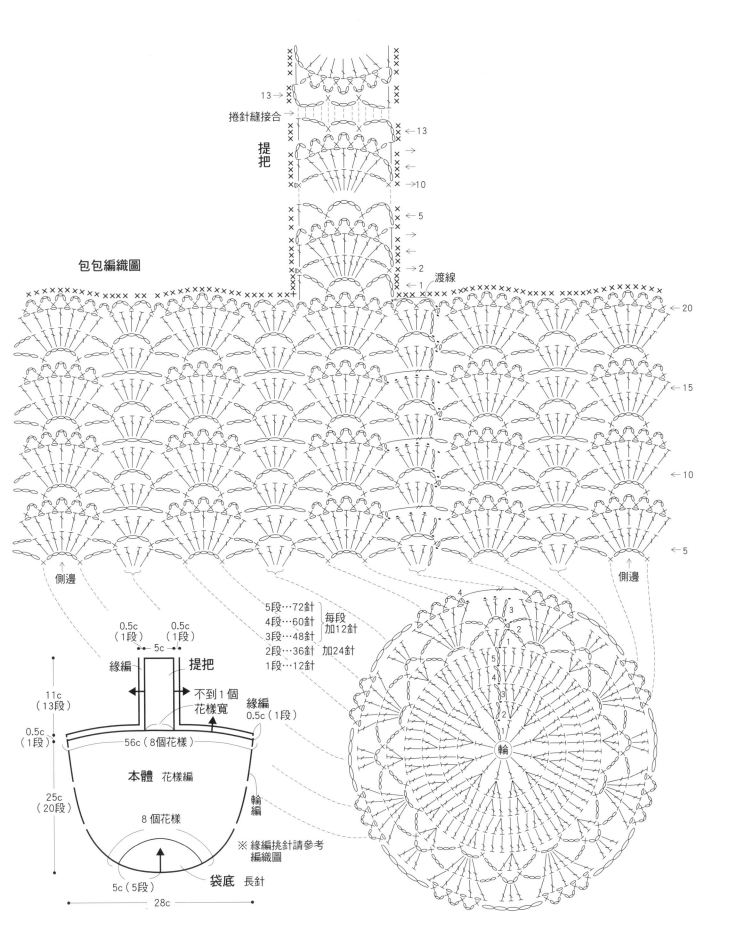

13 →

捲針縫接合 →

提把

→ 13

→ 10

← 5

← 2　渡線

← 1

包包編織圖

→ 20

← 15

← 10

← 5

側邊

側邊

5段…72針
4段…60針　每段
3段…48針　加12針
2段…36針　加24針
1段…12針

4

3

2

1

5

4

3

2

1

輪

0.5c
（1段）
0.5c
（1段）

5c

緣編　　　提把

不到1個
花樣寬

緣編
0.5c（1段）

11c
（13段）

0.5c
（1段）

56c（8個花樣）

本體　花樣編

輪編

25c
（20段）

8個花樣

※緣編挑針請參考
編織圖

5c（5段）

袋底　長針

28c

 立體織片包

作品 ＊ P.24

＊材料與工具

線……Diamond毛線 Masterseed Cotton〈Linen〉　白色（801）95g＝4球

針……鉤針4/0號

＊成品尺寸………寬24cm　高26cm

＊編織方法

①輪狀起針鉤織織片。

②本體的作法是依照編號順序鉤織引拔針接合織片。

③以畝針鉤織緣編。

④鉤織提把，以藏針縫固定在緣編上。

接合提把

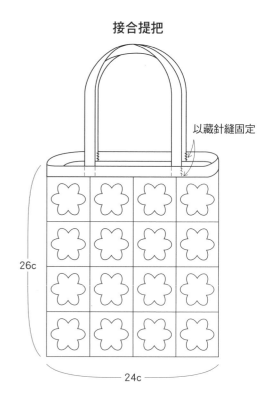

以藏針縫固定

包包本體 接合織片

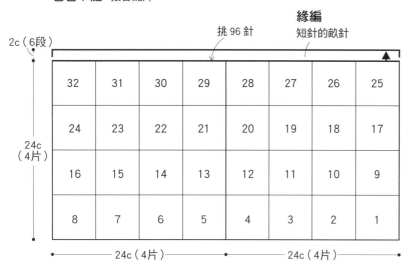

挑 96 針

緣編
短針的畝針

2c（6段）

2c（6段）

32	31	30	29	28	27	26	25
24	23	22	21	20	19	18	17
16	15	14	13	12	11	10	9
8	7	6	5	4	3	2	1

24c（4片）

24c（4片）

24c（4片）

26c

24c

提把 短針的畝針　2條

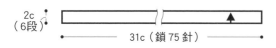

2c（6段）

31c（鎖 75 針）

短針的畝針

→6
←
→
←
←1

起針 鎖針 75 針

織片 32 片

6c

鉤織第 3 段立起針時，要將第 2 段
倒向自己，在第 1 段立起針的頭鉤
引拔針。

鉤織第 3 段的長針時，都是將第 2
段倒向自己，在第 1 段 2 長針玉針
的頭挑針鉤織。

織片的接合方法

緣編
短針的嵌入針

57

27 大織片接合包

作品 ＊ P.25

＊材料與工具

線……Hamanaka 亞麻線〈linen〉　土耳其藍（11）75g＝3球

針……鉤針5/0號

＊成品尺寸……寬21.5cm　高21.5cm

＊編織方法

①鉤織鎖針的輪狀起針，編織作為本體的2片織片。

②將2片織片背面相對疊合，在側邊與袋底鉤織緣編接合。

③繼續沿著袋口鉤織緣編一圈。

④以短針鉤織提把，如圖所示以藏針縫固定於袋口。

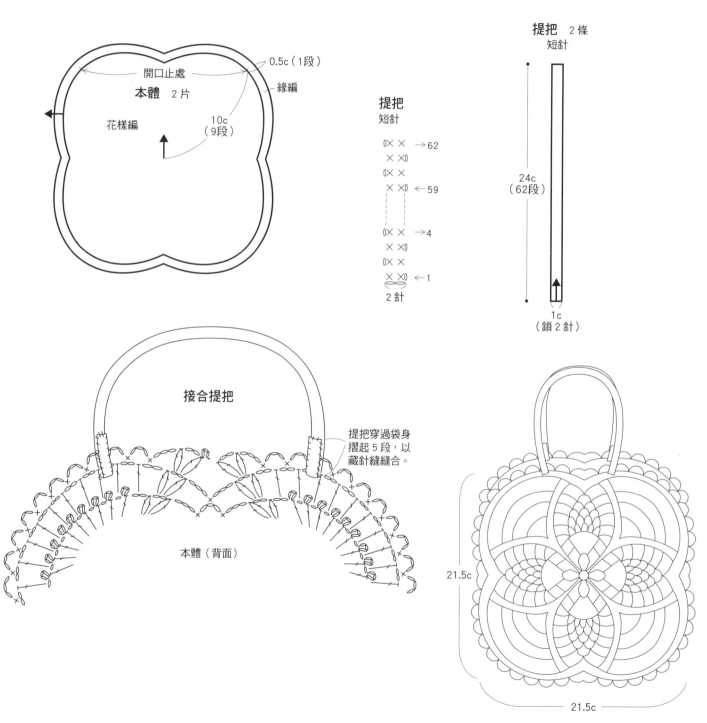

本體 2片

花樣編

開口止處

0.5c（1段）

緣編

10c（9段）

提把 2條
短針

提把
短針

0× × →62
× ×0
0× ×
× ×0 ←59
0× × →4
× ×0
0× ×
× ×0 ←1
2針

24c（62段）

1c（鎖2針）

接合提把

本體（背面）

提把穿過袋身摺起 5 段，以藏針縫縫合。

21.5c

21.5c

包包編織圖　本體

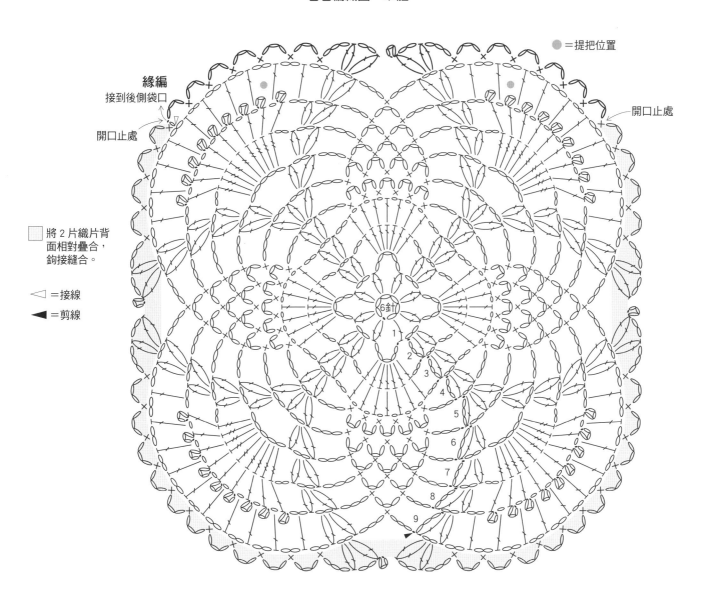

●=提把位置

緣編
接到後側袋口

開口止處

開口止處

□ 將2片織片背
面相對疊合，
鉤接縫合。

◁ =接線
◀ =剪線

6針

1
2
3
4
5
6
7
8
9

28 手提祖母包

作品 ＊ P.26

＊材料與工具

線……Hamanaka 亞麻線〈linen〉　象牙色（2）50g＝2球　灰色（15）50g＝2球

針……鉤針5/0號

＊成品尺寸……寬26cm　高21.5cm

＊編織方法

①輪狀起針鉤織織片，接合織片作為本體。

②依照編號順序鉤織引拔針接合織片。

③袋口依編織圖鉤織短針，作為提把。

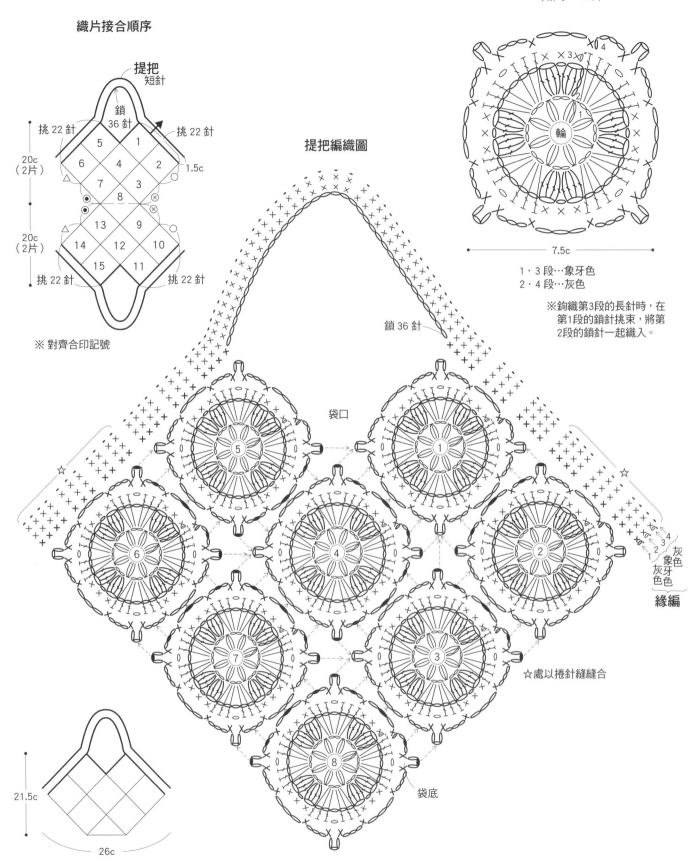

織片接合順序

提把
短針

鎖
36針

挑 22 針   挑 22 針

5		1
6	4	2
	7	3
	8	

20c
(2片)

1.5c

20c
(2片)

	9	
14	12	10
	13	
		11

挑 22 針   挑 22 針

※ 對齊合印記號

提把編織圖

織片 15 片

1・3 段…象牙色
2・4 段…灰色

※鉤織第3段的長針時,在
第1段的鎖針挑束,將第
2段的鎖針一起織入。

7.5c

鎖 36 針

袋口

5   1

6   4   2

7   3

8

袋底

☆處以捲針縫縫合

灰色
象牙色
灰色
象牙色

緣編

21.5c

26c

60

29 小花長方包

作品＊P.27

＊材料與工具

線……Daruma手編線 Organic Café Wool Blend　灰色（3）35g＝1球
　　　藏青色（7）35g＝1球　紫色（6）30g＝1球　粉紅色（5）25g＝1球

針……鉤針3/0號

＊成品尺寸……寬27cm　高18cm

＊編織方法

①輪狀起針鉤織織片，接合織片作為本體。
②依照編號順序鉤織引拔針接合織片。
③鎖針起針鉤織必要針數，以短針編織提把。
④提把以藏針縫固定在本體內側。

織片的配色

	44片	45片	44片	44片
2段	粉紅色	藏青色	灰色	紫色
1段	灰色	灰色	紫色	灰色

本體　接合織片

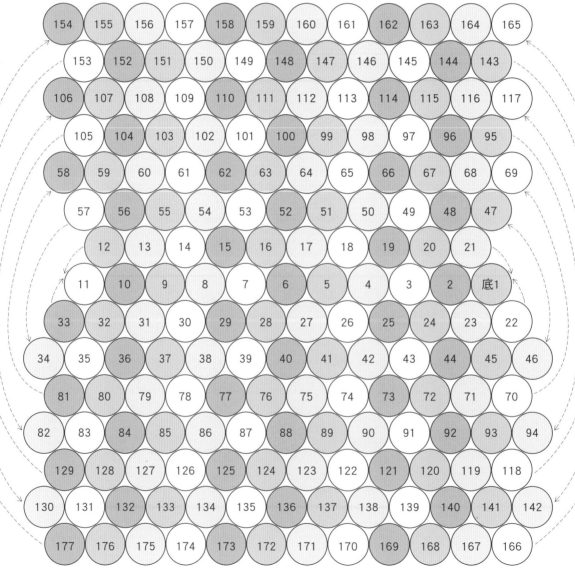

27c

織片的接合方法

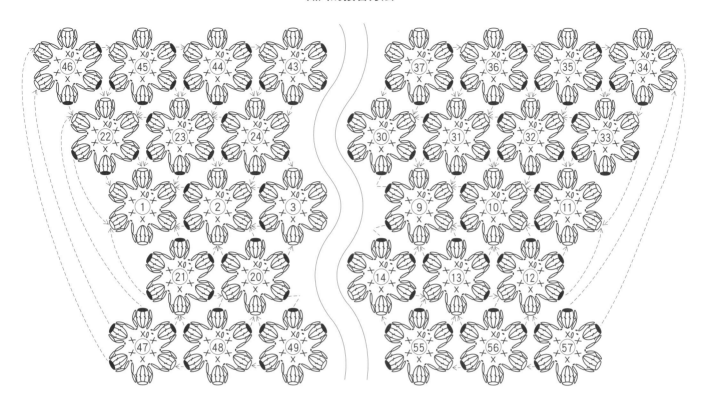

接合提把的方法

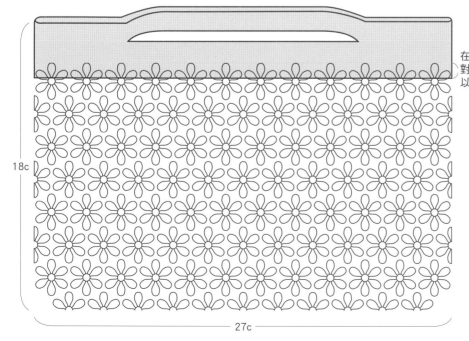

18c

27c

織片 177 片

在內側重疊，
對齊織片中心後
以藏針縫固定。

★接下頁

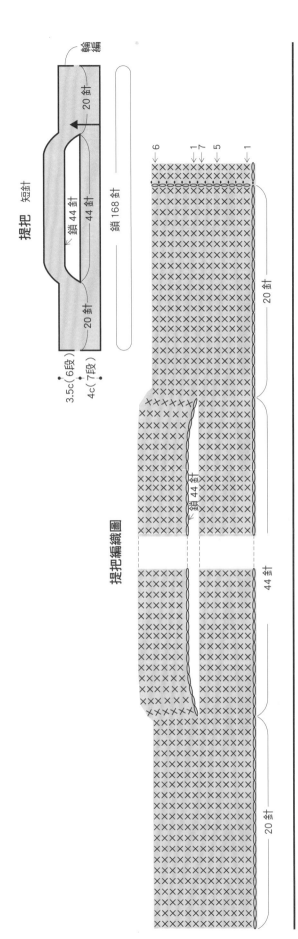

提把 短針

提把編織圖

轉編繩

20針

鎖44針
44針

鎖168針

20針

3.5c（6段）
4c（7段）

6 1 7 5 1

20針

鎖44針

44針

20針

$\mathcal{30}$ 的作法

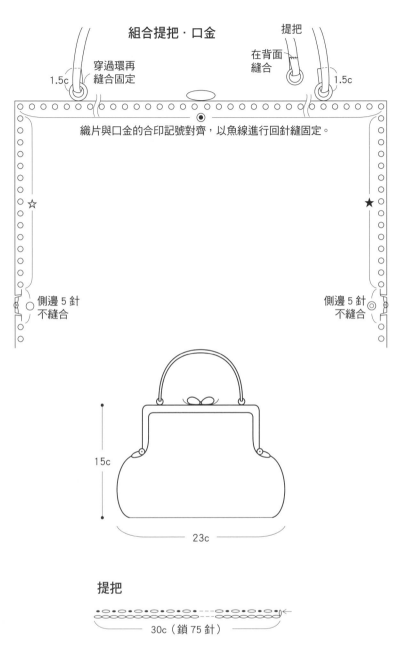

組合提把・口金

提把

穿過環再
縫合固定

在背面
縫合

1.5c

1.5c

織片與口金的合印記號對齊，以魚線進行回針縫固定。

☆

★

側邊5針
不縫合

側邊5針
不縫合

15c

23c

提把

30c（鎖75針）

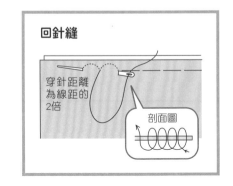

回針縫

穿針距離
為線距的
2倍

剖面圖

30 圓點口金包

作品＊P.28

＊材料與工具

線……Hamanaka Chausette　水藍色（3）70g＝4球

針……鉤針5/0號

配件……手提包口金 銀灰色1個　魚線

＊成品尺寸……寬23cm　高15cm

＊編織方法

①鎖針起針鉤織必要針數，再以長針鉤織袋底。

②以花樣編的輪編鉤織袋身。

③組合袋身與口金。

④將提把穿進口金的環中，再以藏針縫固定。

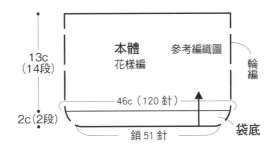

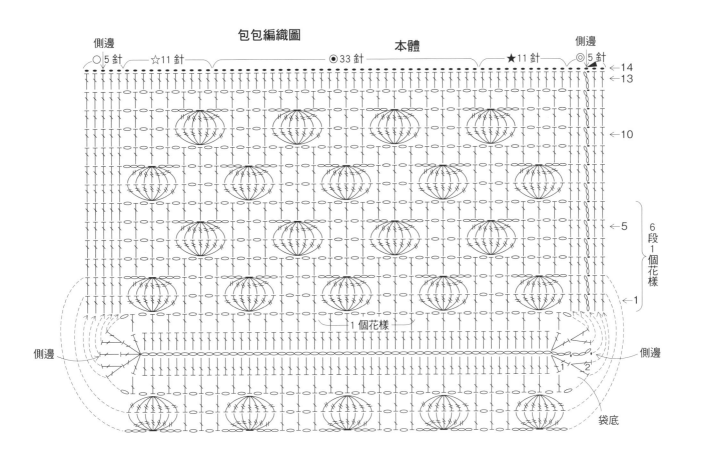

33 花邊橢圓包

作品＊P.32

＊材料與工具

線……Hamanaka Eco Andaria　金棕色（170）110g＝3球

針……鉤針7/0號

＊成品尺寸……寬24cm　高24cm

＊編織方法

①鎖針起針鉤織必要針數，再以花樣編鉤織本體，依照①、②的順序鉤織2片袋身。

②以長針鉤織提把，並且接續在本體外圍鉤織長針。

③將2片本體背面相對疊合，以短針的筋編接合側邊與袋底。

④在側邊與袋底鉤織中長針的松編，作為緣編。

鉤織順序

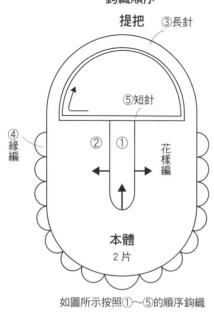

如圖所示按照①～⑤的順序鉤織

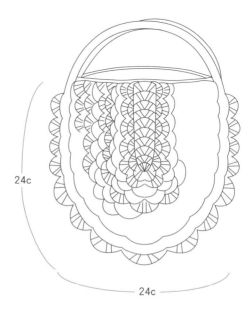

24c

24c

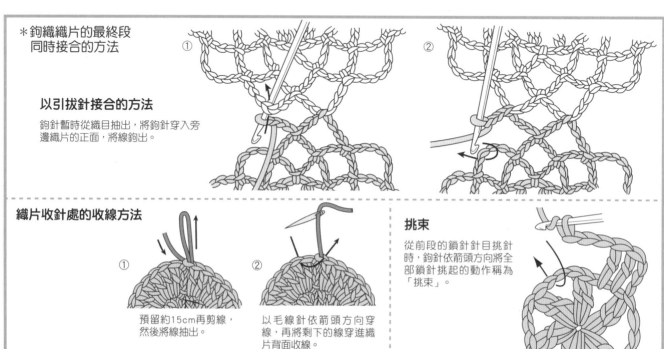

＊鉤織織片的最終段同時接合的方法

以引拔針接合的方法

鉤針暫時從織目抽出，將鉤針穿入旁邊織片的正面，將線鉤出。

①

②

織片收針處的收線方法

①
預留約15cm再剪線，然後將線抽出。

②
以毛線針依箭頭方向穿線，再將剩下的線穿進織片背面收線。

挑束

從前段的鎖針針目挑針時，鉤針依箭頭方向將全部鎖針挑起的動作稱為「挑束」。

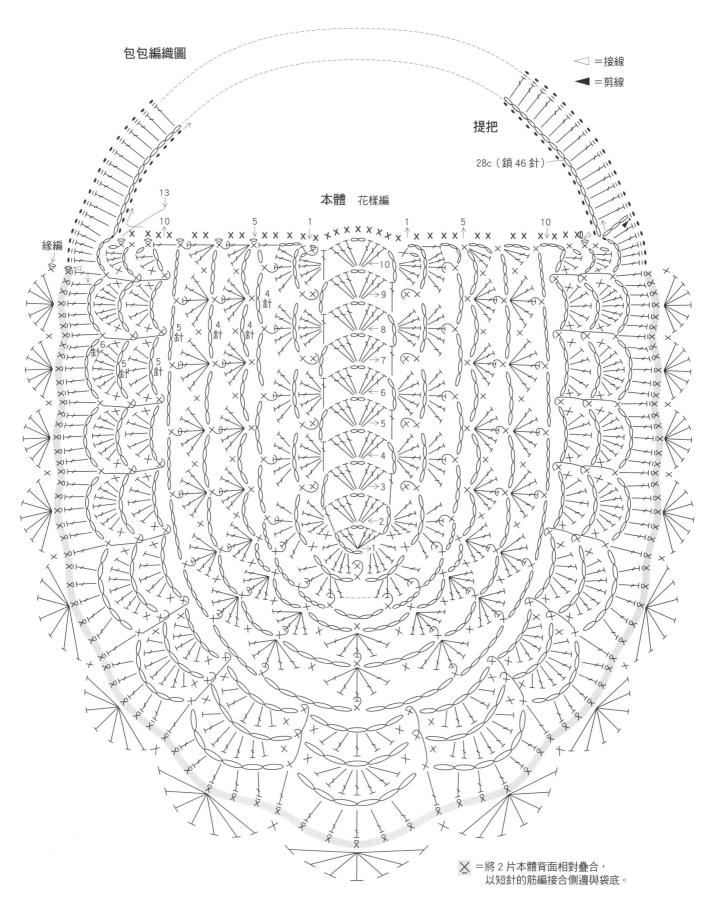

包包編織圖

提把

▷＝接線
◀＝剪線

28c（鎖46針）

本體　花樣編

13
10

5

1

5

10

緣編

10
9
8
7
6
5
4
3
2
1

5針
5針
6針
5針

4針

5針
4針
4針

⊠＝將2片本體背面相對疊合，
　　以短針的筋編接合側邊與袋底。

67

31 隨身小肩包

作品＊P.29

＊材料與工具

線……Hamanaka Chausette　褐色（7）80g＝4球

針……鉤針5/0號

＊成品尺寸……寬22cm　高17cm

＊編織方法

①鎖針起針鉤織必要針數，再鉤織花樣編的輪編作為本體。

②本體以袋底為中心，背面相對對摺疊合，鉤織短針接縫。

③鉤織背帶，固定於袋身兩側。

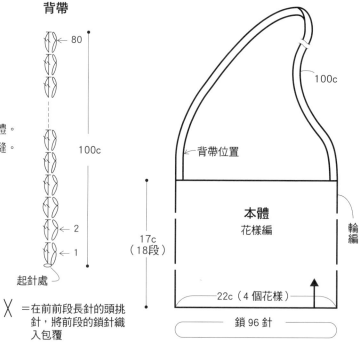

背帶

← 80

100c

← 2

← 1

起針處

X ＝在前前段長針的頭挑
　　針，將前段的鎖針織
　　入包覆

100c

背帶位置

本體
花樣編

輪編

17c
（18段）

22c（4個花樣）

鎖 96 針

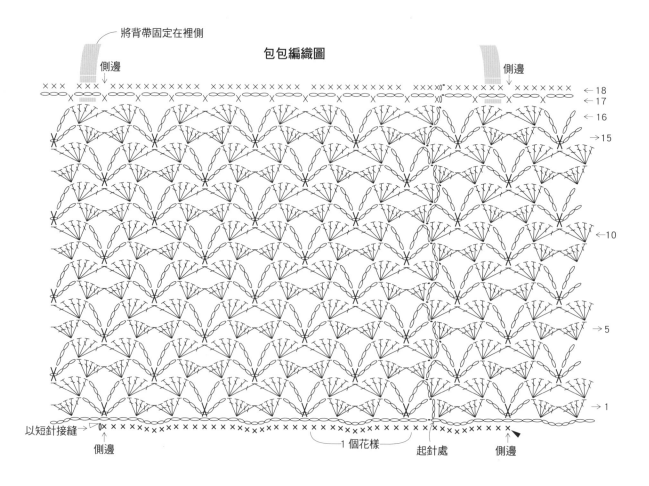

將背帶固定在裡側

包包編織圖

側邊

側邊

← 18
← 17
← 16
→ 15

← 10

→ 5

→ 1

以短針接縫→

側邊

1 個花樣

起針處

側邊

 基礎技巧

輪編與往復編

輪編 看著織片表側，每段都以相同方向進行編織的方式。

往復編

●從中心開始編織（平編）

輪狀起針鉤織必要針數，從中心向外側進行鉤織。若沒有特別指定，通常是看著表側，以逆時鐘方向進行編織。

●編織成筒狀（輪編）

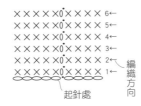

編織方向

起針處

鎖針起針鉤織必要針數，每段最後一針與第一針鉤引拔針接合成環形。

每鉤完一段就將織片翻面，交替看著織片表面與背面編織的方式。

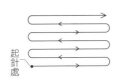

每一段都交替看著表面與背面，依箭頭方向進行編織。

（箭頭方向往左時是表面；往右時是在背面進行編織）

起針處

＊起針

 鎖針起針

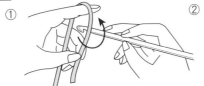

① 將鉤針抵住線的後方，依箭頭方向旋轉鉤針1圈。

② 線捲在鉤針上後。以左手壓住繞在鉤針上的線圈交叉處，掛線後將毛線挑出。

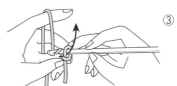

③ 再次掛線將毛線鉤出。

④ 以同樣方式重複鉤織。

以線圈作輪狀起針　※以第1段為短針編織的情況作說明。

① 線在手指上繞2圈。

② 將鉤針穿入線圈中，掛線後將線鉤出。

③ 掛線，將線依箭頭方向鉤出。

④ 織第1段立起針的鎖針，將鉤針穿入線圈中，掛線後將鉤針依箭頭方向鉤出，鉤織短針。

⑤ 完成立起針的鎖1針與短針1針。

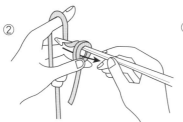

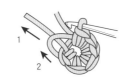

⑥ 編織完所需的針數後，依順序拉線，使鎖針針目縮小成一個環。

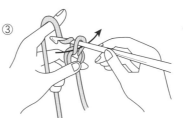

⑦ 再拉另一條線，收緊尾端的線圈。

⑧ 將鉤針依箭頭方向穿入第1針的短針中，鉤引拔針。

針目記號

 鎖針

① ②

③

④ ⑤ ⑥

※掛在鉤針上的線圈不算1針。

 短針

① ②
立起針的鎖1針

③ ④

 引拔針

①

②

鉤針依箭頭方向穿入。　將線一次引拔鉤出。

 2 短針加針

① ②

③

鉤1針短針。　在同一針目再鉤1針短針。

 2 短針併針

※「未完成」是指織目再經過1次引拔，即可完成的狀態。

① ②

③

鉤織未完成的短針2針。　一次引拔鉤出。　2針減為1針。

---

 3 短針加針

①
鉤1針短針。

②
在同一針目再鉤2針短針。

③

 **筋編（短針的情況）**

① ②

將鉤針穿入前段鎖針裡側的1條線中。　鉤織短針。

 筋編（短針往復編的情況）

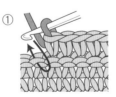
① ②

將鉤針穿入前段鎖針靠自己側的1條線中。　鉤織短針。

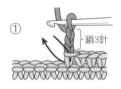 **結粒針**

①
鎖3針

鉤鎖針3針，將鉤針依箭頭方向穿入。

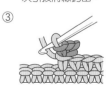
②

一次引拔將線鉤出。

③

Ｔ 中長針

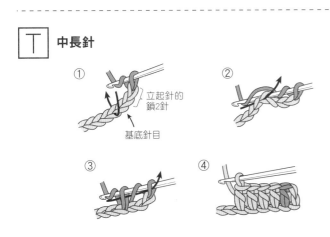

立起針的
鎖2針

基底針目

Ｆ 長長針

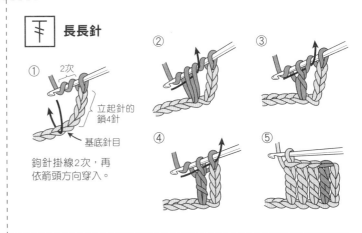

2次

立起針的
鎖4針

基底針目

鉤針掛線2次，再
依箭頭方向穿入。

Ｆ 長針

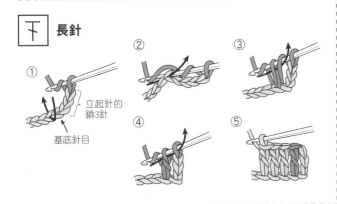

立起針的
鎖3針

基底針目

Ｖ 2 長針加針

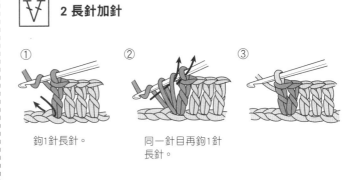

鉤1針長針。

同一針目再鉤1針
長針。

Ａ 3 長針併針

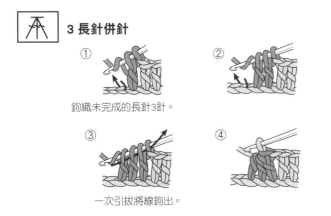

鉤織未完成的長針3針。

一次引拔將線鉤出。

Ｗ 3 長針加針

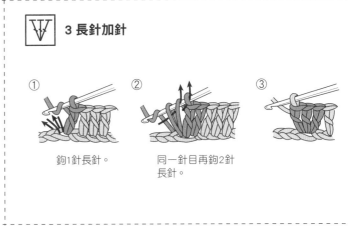

鉤1針長針。

同一針目再鉤2針
長針。

⬭ 3 中長針的玉針

第1針
第2針
第3針

在前段的同一針目中鉤織未完成的中長針3針。
※「未完成的中長針」是指織目再經過1次引拔，
　即可完成中長針的狀態。

一次引拔將線鉤出。

5 長針的爆米花針

① 在前段的同一針目上鈎5針長針,將鈎針移開,如圖示穿入開始的針目。

② 依箭頭方向引拔。

③ 鈎針掛線,再依箭頭方向引拔。

④

 2 長針的玉針

 ※是以同樣方式鈎織未完成的長針3針。

①

②
在前段的同一針目上鈎織未完成的長針2針。

③

④
一次引拔鈎出。

 長針的交叉針(鎖1針)

①
鈎針掛線,依箭頭方向跳過2目,在第3針處穿入。

②
鈎織長針。

③
鈎1針鎖針。

④

⑤
鈎針掛線,依箭頭方向穿入步驟①前2針的針目,鈎織長針。

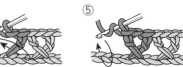

 長針的表引針

①
鈎針依箭頭方向穿入,掛線後鈎出。

②
鈎織長針。

③

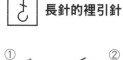 **長針的裡引針**

①
鈎針依箭頭方向穿入,掛線後鈎出。

②
鈎織長針。

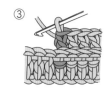
③

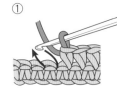 **短針的表引針**

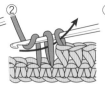
①
鈎針依箭頭方向穿入,掛線後鈎出。

②
鈎織短針。

③

 **短針的裡引針**

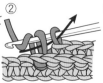
①
鈎針依箭頭方向穿入,掛線後鈎出。

②
鈎織短針。

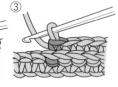
③

樂‧鉤織 21

午茶手作 半天完成我的第一個鉤織包（經典版）

鉤針＋4球線×33款造型設計提袋＝美好的手作算式

．．．

授　　　權／BOUTIQUE-SHA
譯　　　者／陳冠貴
發 行 人／詹慶和
選 書 人／Eliza Elegant Zeal
責任編輯／蔡毓玲‧陳姿伶
編　　　輯／劉蕙寧‧黃璟安‧詹凱雲
封面設計／陳麗娜‧韓欣恬
美術編輯／周盈汝
內頁排版／造極
出 版 者／Elegant-Boutique新手作
發 行 者／悅智文化事業有限公司
郵撥帳號／19452608　戶名：悅智文化事業有限公司
地　　　址／220新北市板橋區板新路206號3樓
電　　　話／(02) 8952-4078
傳　　　真／(02) 8952-4084
網　　　址／www.elegantbooks.com.tw
電子郵件／elegant.books@msa.hinet.net

．．．

2023年5月四版一刷　定價 320元

．．．

Lady Boutique Series　No.3191
4 TAMA MADE DE AMERU KAGIBARI-AMI NO KAWAII BAG
Copyright © 2011 BOUTIQUE-SHA
All rights reserved.
Original Japanese edition published in Japan by BOUTIQUE-SHA.
Chinese (in complex character) translation rights arranged with BOUTIQUE-SHA
through KEIO CULTURAL ENTERPRISE CO., LTD.

．．．

經銷／易可數位行銷股份有限公司
地址／新北市新店區寶橋路235巷6弄3號5樓
電話／(02)8911-0825　　傳真／(02)8911-0801

．．．

國家圖書館出版品預行編目(CIP)資料

午茶手作.半天完成我的第一個鉤織包 / BOUTIQUE-
SHA授權；陳冠貴譯. -- 四版. -- 新北市：Elegant-
Boutique新手作出版：悅智文化事業有限公司發行,
2023.05
　　面；　公分. -- (樂鉤織；21)
　ISBN 978-626-97141-0-0(平裝)

1.CST: 編織 2.CST: 手提袋

426.4　　　　　　　　　　　　　　　　112006052

編織愛好者必備！
超詳細圖解の鈎針聖典系列

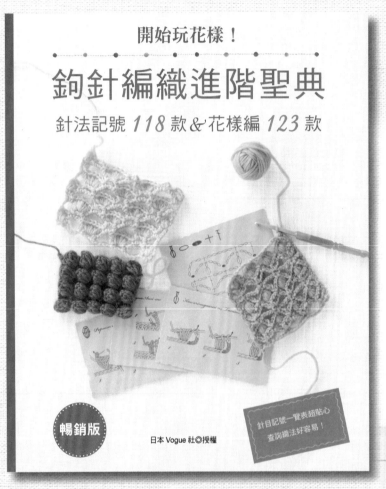

樂 ‧ 鈎織 16

開始玩花樣！鈎針編織進階聖典
針法記號 118 款 & 花樣編 123 款
日本 VOGUE 社◎著　　定價 380 元

本書將針法由簡至繁分類後，再搭配運用這些針法排列組合而成的花樣編。一邊熟悉針法的同時，亦能練習鈎織對應的花樣編，千變萬化的花樣編也讓學習更有樂趣。圖鑑式的編排方式，將超清晰的記號織圖 & 放大的花樣織片成品圖，以 1：1 的大小並排，讓讀者能輕鬆看見各種花樣的變化與特色，123 款花樣編不但是鈎織新手必備的進階教課書，也是日後揮灑創意的靈感小百科！

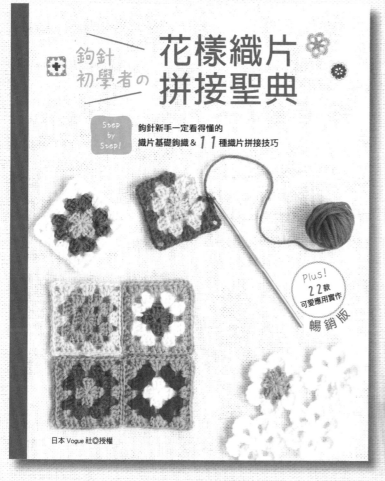

樂・鉤織 11

鉤針初學者の花樣織片拼接聖典

日本 VOGUE 社◎著　　定價 380 元

花樣織片是鉤針編織裡十分簡單易學的入門技巧，短時間就能完成的小小織片，拼接起來卻又有無限可能。對於經常讓鉤織初學者慌張困惑，又難以用文字説明清楚的轉折之處，本書都以Step by Step的方式，解説各款花樣織片的編織實例，運用插圖搭配分解步驟照片的方式，讓讀者看得清楚明白。並不時提點針法變換訣竅、加減針、換線等技巧。同樣詳盡的11種織片拼接技巧，與22款可愛應用實作，讓新手能更上一層樓，運用所學完成鉤織作品！

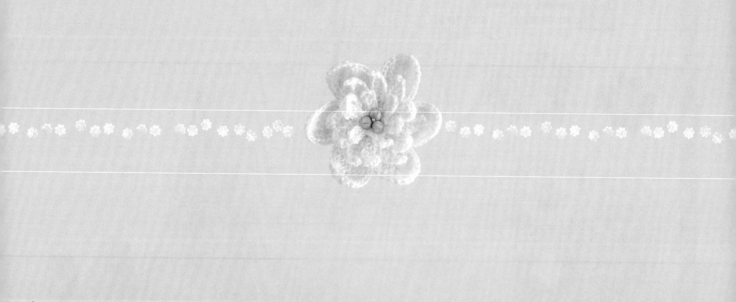